寒地黑土地区特色饮食研究

——旅行中的舌尖体验

主 编 王 乐

電子工業出版社
Publishing House of Electronics Industry
北京 · BEIJING

内 容 简 介

本书以寒地黑土地区的特色饮食为脉络，串联地域文化与旅行体验。书中不仅呈现了寒地黑土人从食材到烹饪的匠心，更透过饮食背后的烟火故事，展现了他们以食会友的生活哲学。作者通过食之文化、食之社会、食之精神三个篇章，勾勒出兼具自然馈赠与人文温度的饮食画卷，为文化旅游与饮食传承提供兼具深度与情感的参考。

本书可供美食文化爱好者、旅行者、地域文化研究者，以及对寒地黑土地区饮食文化感兴趣的读者阅读。

图书在版编目（CIP）数据

寒地黑土地区特色饮食研究 ：旅行中的舌尖体验 / 王乐主编. -- 北京 ：电子工业出版社, 2025. 8.

ISBN 978-7-121-50931-5

Ⅰ. TS971.202.3

中国国家版本馆 CIP 数据核字第 2025JP8079 号

责任编辑：汪　颖

印　　刷：中国电影出版社印刷厂

装　　订：中国电影出版社印刷厂

出版发行：电子工业出版社

北京市海淀区万寿路 173 信箱　邮编：100036

开　　本：787 × 1092　1/16　印张：9　字数：219 千字

版　　次：2025 年 8 月第 1 版

印　　次：2025 年 8 月第 1 次印刷

定　　价：39.00 元

凡所购买电子工业出版社图书有缺损问题，请向购买书店调换。若书店售缺，请与本社发行部联系，联系及邮购电话：（010）88254888，88258888。

质量投诉请发邮件至 zlts@phei.com.cn，盗版侵权举报请发邮件至 dbqq@phei.com.cn。

本书咨询联系方式：qiyuqin@phei.com.cn。

前　言

旅游不仅是一场视觉的盛宴，更是一次味蕾的探险。踏上东北广袤的黑土地，旅游者不仅会被这里壮丽的自然风光所吸引，更会被这里独特的饮食文化深深打动。锅包肉、小鸡炖蘑菇、酸菜白肉锅、铁锅炖大鹅等经典菜肴，都是寒地黑土地区人们智慧的结晶，也体现了在地文化的传承。从食材挑选到菜肴制作，每一个环节都饱含着这片土地上人们对生活的热爱。品尝这些地道的寒地黑土美食，不仅能满足味蕾，而且能让人从心底感受到温暖，在旅行中体会到这片土地的深厚底蕴和人文关怀。

饮食文化是文化的重要组成部分，它的发展与地域环境密切相关。寒地黑土地区有着独特的地理条件，因此孕育出了独具特色的饮食文化。

第一是土壤因素。寒地黑土作为一类特殊的土壤类别，涵盖黑土、黑钙土和草甸土等类型，主要分布于黑龙江和吉林两省。具体而言，黑龙江省境内的三江平原、松花江与嫩江的沿江平原，以及松嫩平原地带是其最为集中的分布区域；吉林省境内则以吉林、四平两市地理位置连线以西的区域分布最为集中，在内蒙古自治区东部也有少量黑土地分布。这些地区的地势较为平坦，土壤结构具有独特性，且富含有机质，具有极高的肥力，构成了农业生产中极为珍贵的土地资源。相同的种子，在寒地黑土地区种植，结出的果实品质明显不同。黑土地上培育的大米、大豆等农作物，均表现出典型的优质特性，由高粱和谷子加工而成的高粱米、小米同样美味可口。

第二是水资源因素。东北寒地黑土地区地处众多河流环绕的地理格局中，水资源在此区域的生态与生产体系中扮演着关键的角色。域内江河与地下水资源禀赋优异，水质清洌甘美，以此为依托孕育的食品，形成了独特的风味特质。即便是相同的食材、相同的配料和相同的加工方法，其他地区也难以复制寒地黑土地区所特有的风味，例如卤水豆腐等。

第三是气候因素。寒地黑土地区的气候条件为农业生产赋予了独特优势。这里冬季漫长严寒、夏季短暂凉爽的气候特征，对土壤肥力的形成与作物的生长产生了显著的影响，即冬季的低温抑制了土壤微生物的活动，减缓了有机质分解的速率，促进了养分的积累；夏季凉爽的气候减少了水分的蒸发，促进了土壤肥力的提升。此外，由于寒地黑土地区的气候相对寒冷，每年仅能种植一季作物，因此作物的生长期较长；该区域四季分明，每一季节阳光照射到地面的温度各异，光合作用效果不同，作物生长的过程亦有所区别。这些条件使得寒地黑土地区的粮食籽粒成熟度高且饱满，营养成分丰富。这正是寒地黑土地区所拥有的独特优势，其他地区难以匹敌。

寒地黑土地区地域辽阔、物产丰富，烹饪食材种类繁多，饮食文化特色鲜明。人们的日常饮食以多种谷物为主，副食丰富多样，他们喜欢用蘸食、拌食的方式吃东西，也爱吃腌酸菜和火锅，菜肴分量足，口味偏咸鲜。寒地黑土地区的饮食文化既传承了东北传统饮食文化的精华，又融合了世世代代居住在这里的各民族饮食特点，同时还广泛吸收了鲁菜等中华菜系和国外饮食文化的优点，体现出独特的包容性。

了解寒地黑土地区的饮食，就能走进当地人的精神世界。用铁锅炖大鹅招待客人，是他们热情质朴的表达；在热闹的烧烤摊旁畅饮啤酒，是他们快意人生的时刻；年夜饭时一起包饺子、看春晚，是他们关于家的温馨记忆和期盼；只要问上一句 “好吃吗”，他们便会爽快地拿出食物与人分享。寒地黑土地区的饮食充满凝聚力，能让拼桌的陌生人成为朋友；寒地黑土地区的饮食充满感召力，一杯大白梨汽水就能勾起童年回忆；寒地黑土地区的饮食更充满生命力，咬一口两面焦黄的韭菜盒子，仿佛能感受到母亲的温暖……饮食串联起寒地黑土人的共同记忆，也让这片黑土地闪耀着独特的光芒。

寒地黑土地区的饮食文化，既是当地人的骄傲，也是值得深入探究的文化现象。本书以寒地黑土地区的特色饮食为主线，从食之文化、食之社会、食之精神三个角度，对寒地黑土地区的饮食文化进行了全面的介绍和分析；同时，书中融入了饮食传承人、食客、中华老字号，以及知名饮食店铺的故事，让内容更加丰富生动，充满感情，为读者展现出一幅丰富多彩的寒地黑土地区饮食文化的画卷。

本书除了讲述该地区的特色美食，还着重描绘了美食背后温暖的人间烟火气，以及当地人民蓬勃的生命力，旨在帮助读者更好地了解寒地黑土地区的文化，为该地区饮食文化的传承与发展提供有益的参考，也为该地区文化和旅游事业的发展提供有价值的资料。

绥化市域文化挖掘专项项目（揭榜挂帅）“寒地黑土特色饮食研究”（XJ23011）成果；
黑龙江省哲学社会科学研究规划项目（24JYC016，23JYB259）阶段性研究成果；
黑龙江省经济社会发展重点研究课题（专项课题）（24409）阶段性研究成果；
绥化学院科研专项项目（XZ2403008，XZ2302002）阶段性研究成果。

目　　录

第一篇　食之文化

第二篇　食之社会

第三篇　食之精神

第一篇　食之文化

第一章 寒地黑土地区特色饮食的演变

第一节 寒地黑土地区饮食的底蕴从何而来

一、对寒地黑土地区先民饮食传统的继承

寒地黑土地区的饮食习惯大多源自先民的饮食传统。过去，为了抵御严寒，先民们喜欢用白水煮猪肉吃，早期火锅的雏形就来自他们野餐时的烹饪方式——把装满水的陶罐架在火上煮食物，这种现煮现吃的方法既能让食物更好地被消化，又能暖身御寒、保持热量。狩猎文化对当地的饮食习惯影响深远，现在大家爱吃的血肠白肉、酸菜白肉火锅等，都能从先民的饮食里找到源头。

因为寒地黑土地区无霜期短，冬天缺少新鲜的蔬菜，先民们就把豆角、茄子、土豆等晒成各种干菜，住在江河边上的渔民还会晒制鱼干，或在户外、屋里挖地窖储存土豆、萝卜等，还将盐和煮熟的大豆混合，做成大酱。《双城县志》中记载："家家更腌藏各种蔬菜，菘(白菜)则渍会酸，谓之酸菜，均系冬时之副食品。"这些先民的饮食习惯一直很好地保留到现在，像小鸡炖蘑菇、大鹅炖土豆干、酱焖茄子、酸菜白肉等美食，都是从先民饮食习俗中传承下来的。

由于小麦、水稻、玉米、大豆、高粱等农作物一年只能种一季，先民们为了生存，擅长发展渔猎、狩猎和采集业，江鱼、野鸡等就成了他们餐桌上的美味。

二、寒地黑土地区饮食对山东风味的吸收及演化

随着时间的推移，寒地黑土地区的菜系不断吸收并融合来自山东等地的烹饪精髓，逐渐形成了独特的风味。清朝末年，伴随着大量山东移民的涌入，山东的烹饪技艺与寒地黑土地区的食材深度融合，极大地促进了当地烹饪技艺的发展。在外来饮食文化的影响下，寒地黑土地区的饮食结构也发生了变化：从原来以肉类为主，转向更加多样的主食搭配；食物的外观、形式和口味也变得更加丰富、多元。

东北流传着一句俗语："大煎饼卷大葱，一口咬下辣味浓，劳作全靠老山东。"直到现在，山东的煎饼卷大葱仍是寒地黑土人喜爱的美食之一，山东人常吃的煎饼、玉米饼子也被引入到寒地黑土地区。

随着山东移民的到来，寒地黑土地区的食材种类变得更加丰富，鲁菜的烹饪技巧也影响了当地做菜的方式。鲁菜以咸鲜、脆嫩的口味和爆、炒、烧、塌等烹饪手法闻名。在融合鲁菜和中原地区的烹饪技艺后，寒地黑土地区的饮食发展出"扒、烤、蒸、爆"等独特

技法，尤其是“大翻”这一技法，对厨师的手艺要求很高。如今寒地黑土地区的菜品，既带有山东菜的精致，又保留了当地传统饮食的粗犷与豪迈。

随着时代的发展，一些传统美食的做法逐渐被人们遗忘，比如蝲蛄豆腐、狗宝咸菜等，但寒地黑土地区古老的烹饪技法和烧烤艺术等宝贵遗产，至今仍被保留和传承着。

三、中西饮食文化在寒地黑土地区的交融共生

19世纪末，哈尔滨渐渐成了外国人在中国的主要聚居地之一。这些外国人出于日常饮食的需求，开始兴办西餐厅，制作烤肉、腌肉、香肠、列巴等食品。西方饮食文化在寒地黑土地区有了新的发展和创新。当地的厨师按照自己的饮食习惯和喜好改良西餐，让这些西式菜肴慢慢融入了中餐元素，形成了很多“中西合璧”的特色菜品。比如光绪年间，哈尔滨道台食府的膳食长郑兴文受到西餐口味的启发，改良了传统京鲁菜的焦炒肉片，把咸鲜口味改成了酸甜口味，取名为“锅包肉”。

西餐文化原本起源于欧洲宫廷，带着贵族气质，但在寒地黑土地区扎根后，变得更接地气、更具烟火气。在这里，人们吃饭时既能用筷子，也能用刀叉；用餐环境也不像传统西餐厅那样安静优雅，而是有歌舞伴唱的热闹氛围。这种“中西合璧”的饮食风格，不仅记录了寒地黑土地区的历史变化，更是移民文化和中华传统文化碰撞、融合的鲜活体现。

第二节　寒地黑土地区饮食的当代化发展

自改革开放以来，寒地黑土地区的食材和食品种类比历史上任何时期都要丰富，人们的饮食习惯、膳食结构、饮食观念和饮食心理等，与以往相比也发生了很大的变化。

一、饮食食材丰富化

经过几十年的发展，寒地黑土地区的农业政策和体制经过不断改革、创新，农业结构也得到不断调整。该地区除了种植传统的农作物，还提高了经济作物和特色作物的种植比例。现在的食品种类越来越丰富多样，主食早已不再局限于玉米、高粱、大米等传统谷物，燕麦、藜麦、荞麦等杂粮也走进了寻常百姓家，糯米、小米等也被做成了花样繁多的主食。与此同时，食品的质量也在逐步提高，从精挑细选的优质大米到有机种植的杂粮，都体现着人们对饮食品质的追求。从食品市场来看，景象更是繁荣。货架上不仅有琳琅满目的本地特产，还有来自国内其他地区的特色食品，甚至能看到许多国外的食品，这些来自世界各地的食品丰富了人们的餐饮。因为食材供应充足，各地商品流通顺畅，寒地黑土地区的餐饮市场呈现前所未有的繁荣景象。特别是物流和仓储技术的飞速发展，彻底解决了寒地黑土地区冬季食材短缺的问题。

以前主食与副食在饮食中平分秋色的状况，如今发生了显著的变化，形成了以主食为辅、副食为主的新特点。这使得当地人们将更多的精力投入到副食的选购与烹制中，餐桌上的菜品种类日益丰富。随着副食摄入量的增加，主食的占比自然减少，菜肴在寒地黑土

地区人们的日常饮食中逐渐成为主体。尽管副食在寒地黑土地区的饮食习惯中占据着越来越重要的地位，但主食的发展并未停滞，花样翻新的速度反而更快。主食的制作形式涵盖蒸、炸、烤、烙等多种方式，除了家庭自制，市场上的面食店也随处可见。寒地黑土地区主、副食结构的变化，是该地区饮食水平提升的重要标志之一，意味着当地人们在食物摄取方面有了更多的选择。

二、饮食烹饪精细化

过去，在寒地黑土地区，人们做菜的习惯可以概括为“粗、多、大”，但随着蔬菜种类日益丰富和南北经济交流日益频繁，该地区的烹饪风格逐渐向“细、少、精”转变。菜量大曾是当地传统菜肴的显著特点，因为过去受自然条件的限制，当地的蔬菜种类少，只能靠加大菜量来解决主、副食不均衡的问题。如今随着食材的丰富和市场的繁荣，这一特点在慢慢淡化，家庭盛菜的器皿也开始变得精致、美观，但对于初来乍到的南方人来说，仍会惊讶于当地餐桌上大盘子的尺寸，感叹寒地黑土地区人的豪爽和热情。

烹饪的过程也朝着两个方向演变：一方面是烹饪程序简单化，烹饪变得更加方便、快捷。如今，很多家庭都使用智能电饭煲，这大大节省了制作主食的时间；副食也向半成品化、成品化发展，不少人购买洗净切好的蔬菜、肉类或熟食制品等，在家中只需简单加工即可开饭。另一方面是烹饪工序复杂化，部分主、副食的自制工序较为复杂，这源于人们更注重菜肴的营养、膳食的合理搭配、菜肴的品质与口味，甚至享受烹饪的过程——对食物的精雕细琢虽然增加了烹饪的时长，却让烹饪升华为一种艺术，使其成为人们对饮食文化享受与鉴赏的过程。

三、饮食习惯健康化

（一）注重营养

改革开放以来，寒地黑土地区的农业经济快速发展，传统作物、特种经济作物和外来农作物广泛种植，加上交通运输愈加便利，当地食材市场变得极为丰富，人们可选的食物越来越多。这也改变了当地人们的饮食观念，人们越来越注重从食材中获取更多的营养成分，健康意识不断增强。很多人开始认同“饮食结构与健康密切相关”的理念，还主动调整膳食搭配，讲究荤素均衡、营养全面，餐桌上的蔬菜种类也越来越多。这些变化都体现了寒地黑土地区人们饮食观念的逐步转变。

（二）粗粮细作

如今，寒地黑土地区人们的饮食习惯开始“逆向转变”——从过去追求精细食物，转向重新青睐粗粮和野菜。人们用“粗粮细作、粗菜精做”的方式来创新菜品，比如传统的粗粮窝窝头，现在用玉米面混合糯米粉，再加入牛奶和蜂蜜调和，做成了营养丰富、口感独特的新美食。这种将粗粮精细加工的做法，成为了当地饮食创新的重要方向。

（三）煲汤的引进

过去，寒地黑土地区的汤品很单一，基本只有酸菜大骨汤等少数几种。但随着粤菜在该地区的传播和人们健康意识的提升，当地人开始养成喝汤的习惯。现在汤品成为寒地黑土地区很多家庭餐桌上食品的重要组成部分，不少餐馆也推出了煲汤服务，特别受顾客的欢迎。

如今，煲汤文化已经融入寒地黑土地区人的日常生活，并形成潮流。人们根据季节变化呈现的不同特点来调整煲汤的习惯，既体现了当地人对健康饮食的追求，也展现了适应地域气候特点的生活智慧。例如春秋季气候干燥，大家爱煲银耳雪梨汤这类润肺的汤品，既清爽又护喉；夏季燥热，就喝绿豆冬瓜汤等凉性汤品，既能清热解暑，又能补充水分和营养；冬季寒冷，就喝鸡汤、排骨汤等高热量汤品，既能补充营养，又能御寒保暖。

四、饮食环境优质化

（一）非家庭就餐环境多样化

随着经济的迅猛发展和生活节奏的加快，寒地黑土地区的非家庭就餐环境呈现出前所未有的多样化态势。各类餐馆、小吃摊、美食街等如雨后春笋般涌现，不仅满足了人们日益增长的饮食需求，更成为城市文化的亮丽风景线。从高档雅致的西餐厅到充满地方特色的风味小吃店，从方便快捷的快餐店到温馨别致的主题餐厅，非家庭就餐环境的选择愈发丰富，为消费者提供了多元化的用餐体验。

一方面，大型连锁餐饮企业凭借品牌的优势、标准化的管理及优质的服务，迅速占据市场份额。这些餐厅不仅环境幽雅、菜品丰富，还注重推广营养、健康的饮食理念，成为消费者聚餐、宴请的优先选择。另一方面，小型特色餐馆与美食摊位也以独特的魅力吸引着食客——它们多主打地方特色菜品，注重食材的新鲜度与烹饪技艺的传承，让消费者在品尝美食的同时，感受浓郁的地域文化氛围。非家庭就餐环境的多样化，不仅丰富了人们餐饮的选择，更推动了餐饮业的繁荣发展，成为寒地黑土地区饮食文化的重要组成部分。

（二）家庭饮食环境舒适化

家庭饮食环境主要是指家庭中的厨房与餐厅区域。随着寒地黑土地区人们生活水平的不断提升，居住条件显著改善，不仅人均居住面积增加，而且房屋空间布局也变得更加科学、合理，为家庭饮食环境的优化创造了条件。如今的厨房墙面、地面多采用瓷砖铺贴，便于清洁维护；橱柜设计追求款式新颖、色彩时尚；油烟机、冰箱、烤箱、微波炉、电饭煲等家用电器一应俱全，水管、煤气管道也进行了合理的遮蔽处理。

相较于过去，现代餐具更注重审美和艺术价值，材质涵盖陶瓷、木质、钢化玻璃、不锈钢等多种类型，在尺寸、造型、色彩及图案上丰富多变。传统的炕桌与折叠餐桌已较为少见，多数家庭选用木质、玉质或钢化玻璃材质的餐桌，配套的椅子与餐桌风格一致，不仅协调性强，还能有效地烘托餐厅的整体氛围。

现如今，酸菜缸与咸菜坛的使用减少也是家庭饮食环境的显著变化之一。寒地黑土地区纬度高、气候寒冷、冬季漫长，无霜期仅约4个月，秋菜贮藏与腌制曾是当地人们应对冬季蔬菜短缺的重要方式。过去，人们在夏、秋季节大量晾制干菜，秋季窖藏白菜、萝卜、马铃薯等食材，并渍制酸菜、腌制咸菜等，这一传统既体现了当地人们对食物的珍视与生存的智慧，也反映了他们对季节变化的适应能力。随着种植技术的进步与交通运输条件的改善，冬季蔬菜供应不足的问题已得到解决，尽管部分乡村仍延续自制酸菜的传统，但家庭自制酸菜与咸菜的现象日益减少，酸菜缸、咸菜坛等也逐渐从家庭厨房中退出。

第三节　寒地黑土地区饮食的主要特色

一、寒地黑土地区人们钟爱的食材

寒地黑土地区土壤肥沃，特别适合种植五谷杂粮，这些粮食作物也成了当地人餐桌上的主食。人们把五谷杂粮磨成面粉，或是直接蒸煮烹饪，做出各式各样的美食。在寒地黑土地区人的主食里，稻米的地位十分重要。受当地独特气候和土壤条件的影响，寒地黑土地区产出的稻米口感细腻，蒸煮时香气四溢。除了做成白米饭，稻米还能和其他食材进行搭配，做出如八宝饭、粽子等风味独特的食品。玉米也是当地主要的农作物之一，当地人常把玉米加工成玉米面，用来做馒头、面条、玉米饼等。

寒地黑土地区的畜牧业和水产业发达，为当地人们提供了丰富的肉类和水产品。肉类是寒地黑土地区餐桌上的“硬菜”，也是当地饮食文化的重要组成部分。猪肉、牛肉、羊肉最为常见，烹饪方法多种多样，无论是炖煮、烧烤还是爆炒，都能满足不同人的口味。香浓软糯的红烧肉、软烂入味的炖牛肉、热气腾腾的羊肉火锅……都是深受当地人们喜爱的菜肴。水产品同样是寒地黑土地区的特产，肉质鲜嫩、味道鲜美，烹饪时，既可以用清蒸、炖煮的方式保留原汁原味，也能用炒制、油炸的手法变换其口感。

大豆在寒地黑土地区广泛种植，不仅面积大、产量高，而且品质优良，大多是高油高蛋白的优质品种，这为制作豆制品打下了坚实的基础，也使得豆制品在当地人的饮食中占据了一席之地。人们用大豆做出了水豆腐、干豆腐、冻豆腐、豆浆、豆腐脑等丰富多样的美食。这些豆制品不仅口感好，还富含钙、磷、铁、镁等人体必需的微量元素，以及大量优质蛋白质，深受当地人们的喜爱。

在蔬菜方面，寒地黑土地区的人们充分利用当地气候的特点，培育出多种高品质蔬菜。白菜、土豆、萝卜等蔬菜在肥沃的黑土地里茁壮成长，口感鲜嫩、营养丰富。此外，虽然松茸、榛蘑等菌类生长在森林中，但因其味道鲜美、品质上乘，人们经常采集或购买，用来炖汤或炒菜，大大丰富了菜品的口感和种类。

二、寒地黑土地区人们的烹饪艺术

寒地黑土地区食物的烹饪方式丰富多样，涵盖炖煮、烧烤、蒸制、腌菜、冷冻等，还有独具特色的甜蜜口味和拔丝技法。当地的炖煮讲究火候，需用小火慢煨，让食材充分吸收汤汁，最终炖出醇厚、香浓的口感；烧烤的魅力在于独特的烤制手法与秘制酱料，吃过便令人回味无穷；蒸制则以最大限度保留食材的本味为特点，清淡、健康；腌菜是家家户户餐桌上必备的开胃小菜，既助消化又下饭；冷冻更是巧妙利用当地严寒的自然条件，既能长久保存食物，还创造出不少极具地域特色的冷冻美食；而甜蜜口味和拔丝技法，更是为菜肴增添了丰富的味觉层次。这些特色烹饪方式，既彰显了寒地黑土地区人热情豪爽的性格，也体现了他们对生活品质的追求。如今，这些传统烹饪技艺在传承中不断创新，与现代餐饮理念相结合，形成了别具一格的美食风格。

（一）炖煮之艺

炖菜是寒地黑土地区人餐桌上的常见食品，不仅营养丰富，还能完美保留食材的原汁原味，口感醇厚、香浓。当地人擅长用炖煮的方式，将食材的营养充分释放，让每一口都饱含鲜味。炖菜时，对火候的把控尤为关键，通常需用小火慢炖，使食材充分吸收汤汁，达到软烂入味的效果。在炖煮的过程中，人们还会加入酱油、料酒、生姜、大葱、八角等调味料，为菜肴增添独特的风味。

（二）烧烤之韵

寒地黑土地区的烧烤极具特色，尤其在寒冷的冬日，围坐在桌旁吃烧烤成为当地人们取暖聚会的热门选择之一。这里的烧烤以独特的烤制方式和丰富的品类著称。从食材的挑选到食材的处理都十分讲究，新鲜的肉类、海鲜和蔬菜是常见选择，而且在烤制前，人们会先对食材进行腌制，确保入味。烤制时需精准控制火候，让食材达到外焦里嫩、香气四溢的状态。此外，寒地黑土地区烧烤的灵魂还在于秘制酱料——当地人会用多种调味料和香料精心调配，为烤物赋予独一无二的美味。

（三）蒸制之美

蒸菜在寒地黑土地区菜肴中占据着重要的位置。这种烹饪方式最大的优势，就是能最大程度地保留食材原本的味道和营养，做出来的菜既清淡又有益于健康。当地人蒸菜，常用的食材有地瓜、马铃薯、南瓜、茄子、胡萝卜等蔬菜，还有猪肉、鱼肉等肉类。通过蒸制，食材的鲜美和营养得以很好地留存。不过，蒸菜时火候需精准把控，若是火大了或时间没掌握好，食材就容易过熟或夹生。在蒸制的过程中，再放上葱、姜、蒜等调味料，更能激发出菜肴的香味。不管是蒸肉还是蒸菜，吃到嘴里都是原汁原味，既爽口又营养，是健康饮食的优选。

（四）腌菜之香

在寒地黑土地区，腌菜是家家户户餐桌上的必备小菜。过去冬天又长又冷，新鲜蔬菜不好保存，当地人就琢磨出了腌菜的法子。白菜、萝卜、黄瓜、辣椒这些脆嫩的蔬菜，都是腌菜的好原料。把蔬菜洗净切好，再加点盐、糖、醋等调味料，经过一段时间发酵储存，腌菜就变得酸爽开胃。其中最受欢迎的就是酸菜，几乎每家都会腌上几缸。发酵后的酸菜酸香十足，是炖菜、酸菜火锅的灵魂配料。腌黄瓜爽脆可口，腌萝卜酸甜开胃，配上一碗热乎的米饭，特别下饭。腌菜不光好吃，还能助消化，是当地人冬日餐桌上的温暖慰藉。

（五）冷冻之妙

在寒地黑土地区，漫长寒冷的冬季让当地人养成了冰冻食品的习惯，这既是一种生活智慧，也是当地的一种文化特色。虽然严寒给当地人的生活带来了不少麻烦，但也提供了天然的冷冻条件，冷冻食材不用花什么成本，埋在雪里或者淋水结冰就能长时间保存。除了储存食材，当地人还利用低温环境，做出了冻豆腐、冻水果等特色美食。这些冷冻食品口感特别，给单调的冬日饮食增添了许多乐趣和风味。

（六）甜蜜之味

甜味是寒地黑土地区人记忆深处的独特味道，也让这里的饮食变得更加丰富、多元。看似粗犷的寒地黑土菜，因为甜味的加入而多了几分细腻。锅包肉、樱桃肉、酥黄菜、拔丝地瓜、雪衣豆沙等，都是当地甜口菜肴的代表；大拉皮、白糖西红柿等凉拌菜都靠糖来提味；黏豆包、黏火勺、萨其玛等传统点心更是甜香四溢；就连打糕、辣白菜和冷面里，都藏着若隐若现的甜味。寒地黑土地区位于高纬度地区，天气寒冷，吃糖能快速补充热量，帮助人们抵御严寒。过去不少欧洲人来到这里，他们也偏爱甜食，像哈尔滨的锅包肉，就是为了迎合西方客人的口味改良而成的。在当地，烧烤也少不了糖来调味。在烤肉串、大油边、熟筋皮、鸡架等时，撒上一把白糖，肉香混合着甜，味道更加鲜美。此外，寒地黑土地区是全国最大的甜菜产地之一，周边的森林还盛产优质的蜂蜜，尤其是绵甜的椴树蜜。甜味就像寒地黑土地区人的性格，在粗犷豪放中，带有细腻、温柔的一面。

（七）拔丝之盛

在寒地黑土地区，拔丝菜的种类多得数不过来，拔丝地瓜、拔丝香蕉、拔丝苹果等是常见菜，还有用鸡蛋做的“酥黄菜”，甚至用猪肥膘做的“酥白肉”，几乎任何食材都能被当地人做成拔丝菜。拔丝的关键在于掌握好糖在热油里的变化。当地人把热油熬糖归纳为糖水、挂霜、拔丝、琉璃、嫩汁和炒糖色六种状态，每一种都需要十足的耐心和技巧。拔丝菜品不仅口感独特，而且外酥里嫩，甜而不腻。当糖丝在空中飞舞，如丝如缕，不仅令人垂涎欲滴，更给人以视觉上的享受。每一道拔丝菜品的背后，都蕴含着匠人的心血和智慧，是中华美食文化中的一颗璀璨明珠。

第二章　寒地黑土地区特色菜系文化

第一节　菜系特色

寒地黑土地区菜系以家常菜为主，注重实惠和满足感。菜品分量通常很大，价格也相对亲民，这使得寒地黑土菜在民间有着广泛的群众基础。无论是家庭聚餐还是朋友聚会，选择寒地黑土菜都能让人吃得尽兴、满足。除了豪放这一显著特色外，还有一菜多味、用料广泛、色泽鲜明等诸多特点，这些特点共同构成了寒地黑土菜独特的魅力。

一、寒地黑土地区菜品的豪放特质

寒地黑土地区是一片充满热情与豪迈的区域，这里的菜肴也如同当地人的性格，处处彰显着豪放、大气。寒地黑土菜的豪放，不仅体现在菜量大、分量足，更承载着深厚的文化底蕴与历史传承。这种风格的形成是历史文化、自然环境与移民影响等共同作用的结果，也反映出寒地黑土地区人民豁达的生活态度和对美好生活的向往。

从历史文化角度看，寒地黑土菜品的豪放特质有着深厚的根源。早在秦汉时期，游牧民族就在这片土地上生活，形成了独特的饮食文化。当时的人们以狩猎、畜牧获取食物，食材丰富且习惯做大分量菜肴，为寒地黑土菜打下了粗犷、豪放的基础。

寒地黑土菜肴的豪放，还与当地的自然环境和生存方式紧密相关。这片区域地域辽阔、人口稀少，气候严寒，人们为了抵御寒冷、保持体力，需要摄入大量的食物。因此，黄豆、猪肉、鸡肉等高热量食材被广泛使用，炖、煮、烤等保留食材原味的烹饪方法也成为主流。这些菜肴既满足了味蕾，又为人们补充了足够的能量和营养。

另外，山东移民的到来对寒地黑土菜的风格形成起到了重要作用。历史上，大批山东人迁徙至此，带来了丰富的烹饪技艺和特色食材，让当地菜品种类和口味更加多样。山东人豪爽的性格和饮食习惯，也逐渐融入寒地黑土地区的饮食文化，让菜品风格愈发豪放、热情。

二、寒地黑土地区菜品的制作特色

寒地黑土菜的制作讲究多种技巧，具体体现在以下方面：

一是调味料丰富多样。做菜时注重使用调味料，让菜肴的味道层次分明，口感适宜。当地人常用的调味料有葱、姜、蒜、酱油、醋、花椒等，满足不同人的口味偏好。

二是食材选择广泛且讲究。寒地黑土地区物产丰富，食材涵盖肉类、蔬菜、豆类、谷物等多种类型，当地人在挑选时特别注重食材的新鲜度和品质。

三是火候把控精准。烹饪寒地黑土菜十分讲究火候：炒菜用大火，能保持食材的口感和色泽；炖煮用小火，让食材充分吸收汤汁的味道。

四是擅长炖煮工艺。长时间炖煮是寒地黑土菜的特色，能让食材更入味、软烂，像酸菜炖肉、小鸡炖蘑菇、铁锅炖、大乱炖等经典菜都是这类菜的代表。

五是色泽鲜亮诱人。厨师善于用调味料和烹饪技巧给菜品提色，比如用酱油、红糖等上色，让菜肴看起来色泽鲜亮，让人更有食欲。

六是注重口感的丰富性。当地人通过炒、熘、扒、蒸、炖、炸、红烧等多种烹调方法，让菜品呈现出酥脆、嫩滑、软糯等不同的口感；再用葱、姜、蒜等调味料提味，让味道更浓郁。

三、寒地黑土地区菜品的命名特色

寒地黑土菜的命名方式丰富多样，主要有以下几类：

一是用食材直接命名。很多寒地黑土菜直接用主要食材起名，让人一看就知道菜里有什么，比如“地三鲜”“小鸡炖蘑菇”等。

二是按烹饪方法命名。有些寒地黑土菜根据独特的做法来取名，像“锅包肉”“熘肉段”等，从名字就能猜到菜是经过油炸或熘炒等工艺制作的。

三是突出口味特点命名。部分寒地黑土菜会强调味道特色，比如“酸甜口”“咸香口”，让人在没吃之前就对口味有个预期，方便根据喜好选择。

四是结合地域特色命名。一些寒地黑土菜体现了当地的地域文化，像“东北大拉皮”“哈尔滨红肠”等，光听名字就知道是具有东北或哈尔滨地方特色的美食。

五是形象化命名。有些寒地黑土菜的菜名很生动，让人能通过名字联想到菜品的样子或特点，比如“乱炖”，让人想到多种食材混合炖煮的场景；“杀猪菜”则让人联想到东北农家杀猪时的热闹宴席菜品。

这些命名方式既体现了寒地黑土菜的特点和地域文化，又简单好记，方便人们识别和选择。

第二节　家常菜品

寒地黑土地区人热爱生活且重视家庭，家庭作为社会的核心，家庭聚餐是重要的社交活动。一家人围坐在一起吃着丰盛的饭菜，分享着生活的喜悦与温暖。在寒地黑土地区的众多家常菜中，以下几款菜因名气大、味道独特而格外有名。

一、锅包肉

锅包肉是寒地黑土地区的家常菜，常用来招待客人或庆祝家庭聚会。逢年过节或家人团聚时，一盘热乎乎的锅包肉是餐桌上的必备菜，象征着家的温暖和团圆的喜悦。许多在外地工作的人们，想家时总会想起家里锅包肉的味道，以及和家人一起吃这道菜的温馨时光。锅包肉也是当地人热情好客的象征，不管是亲友聚会还是商务宴请，端上一盘锅包肉总能拉近彼此的距离。

锅包肉起源于光绪年间，由哈尔滨道台府府尹杜学赢的厨师郑兴文首创，最初是一道官府名菜。当时外国人偏爱甜酸口味，郑兴文就把原本咸鲜口味的菜改成了甜酸口味，取名“锅包肉”。后来这道菜逐渐传遍全国，成为了家喻户晓的美食。

锅包肉的主要食材和配料有猪里脊肉、淀粉、鸡蛋、糖、醋等。做法是先把猪里脊肉切成薄片，用淀粉和鸡蛋液拌匀后炸至金黄，再调制糖醋汁翻炒出锅。成品外脆里嫩、酸甜可口，特点是色泽金黄、味道酸甜，做法不算复杂。

近几年，随着来哈尔滨旅游的人越来越多，作为该城市标志性美食的锅包肉便成了热门菜品，吸引了众多游客来品尝。为了吃到正宗的锅包肉，游客们会提前做足功课，不仅研究哪家饭店地道，还会讨论不同饭店锅包肉口味的差异。在有着百年历史的哈尔滨中央大街上，锅包肉成了游客必点的美食；道里菜市场的锅包肉摊位更是成为了网红打卡地，几乎全天都要排队。在旅游旺季时，一个锅包肉摊位的日销量能达400多份，摊主不得不延长闭店时间，以满足购买锅包肉游客的需求。

为了适应市场需求，哈尔滨的厨师们不断改良创新，比如加入玫瑰酱做成“玫瑰锅包肉”，使锅包肉既有玫瑰色又有花香；还有将传统做法和黄桃罐头相结合，做出受年轻人和孩子们喜欢的黄桃锅包肉；道里菜市场还新推出了蓝莓、桃子、火龙果等口味的锅包肉，都很受欢迎。当地的厨师们在锅包肉的食材上也有创新，除了传统猪肉，还有锅包素、锅包牛肉、锅包鸡肉、锅包鱼等不同版本。这些创新让这道传统菜焕发了新活力。

无论是爱吃经典口味的老食客，还是喜欢尝新的年轻人，都能在锅包肉里找到满足感。它不仅是一道菜，更成了寒地黑土美食文化的象征，承载着当地的文化底蕴和创新精神。

二、鲶鱼炖茄子

在寒地黑土地区乡村的餐桌上，鲶鱼炖茄子是道充满烟火气的经典美味。相传北宋末年，宋徽宗与宋钦宗被俘后押解途经松花江，士兵捕获鲶鱼让当地百姓烹煮。百姓见鱼少人多，便把鲶鱼和地里的茄子一起炖煮，没想到味道出奇地鲜美，连宋徽宗尝后都赞不绝口。后来“鲶鱼炖茄子，撑死老爷子”的俗语便流传开来，成为了称赞这道菜美味的一句俗语。

鲶鱼炖茄子的独特之处在于其巧妙的食材搭配和讲究的烹饪工艺。制作这道菜，首先要选用新鲜的食材：新鲜的鲶鱼肥而不腻，肉质细嫩鲜美；茄子则鲜香味浓，二者搭配相得益彰，在炖煮过程中相互渗透，形成了难以言喻的美妙滋味。这道菜的具体做法是：先将鲶鱼收拾干净，切成大块，焯水后备用；再把猪油放入锅中烧热，加入八角、川椒等香料炒出香味，放入黄豆酱煸炒，随后加入清水烧开，放入鲶鱼块，加入白糖、料酒等调味料；茄子撕成条状，一同放入锅中，用中火炖煮25分钟左右，加盐调味，最后用大火收汁至稀稠适中。这道菜成品色泽乳白，茄子软烂入味，鲶鱼鲜美可口，汤汁浓郁醇厚，令人回味无穷。

在寒冷的冬日里，一家人围坐在一起，品尝着热气腾腾的鲶鱼炖茄子，感受着食材在舌尖上跳跃的美妙滋味，仿佛连空气中都弥漫着幸福的味道。这道菜不仅是味蕾的极致享受，更是心灵的温暖慰藉，承载着家的温馨和亲情的甜蜜。

三、杀猪菜

杀猪菜是寒地黑土地区美食的代表菜品，以原汁原味、充满乡土气息著称，堪称寒地黑土地区饮食文化中熠熠生辉的金字招牌。这道菜源于寒地黑土地区的乡村在春节前夕杀年猪的习俗，对当地人来说，杀年猪可是头等大事。每到春节前夕，主人家必定呼朋唤友，邀请亲友们聚在家中，一同品尝炖肉、血肠等菜肴。大家一边欣赏着窗外银装素裹、白雪皑皑的冬日盛景，一边大快朵颐热气腾腾的杀猪菜，浓浓的乡情扑面而来，寒地黑土地区人豪爽豁达的性格也展露无遗。

猪肉，一直是寒地黑土地区先民最常食用的肉类。过去，先民们养猪“食其肉，衣其皮”，到了冬天，还用猪油涂抹身体来抵御严寒。家境富裕的人家，养猪的数量可达数百头。那时以猪肉为食材的家常菜种类繁多，如熘肉段、扣肘子、酱猪蹄、熘肝尖等，猪身上的各个部位都能巧妙入菜，每道菜都各具风味、营养丰富，摆上桌便是丰盛的宴席。过年吃杀猪菜的习俗历经岁月的演变，最终形成了如今人们熟悉的杀猪菜。作为一道组合菜肴，白肉血肠和酸菜炖骨头是杀猪菜中最具代表性的美味。

白肉血肠堪称杀猪菜中的“明星菜品”。所谓白肉，是将农家用传统方式饲养的小黑猪宰杀后，选取五花肉炖煮，再切成薄如蝉翼的肉片，其色泽嫩白似玉，口感醇香浓郁；血肠则是用新鲜猪血灌入猪肠精心制作而成，切片后红白相间，入口软嫩，香而不腻。

酸菜炖骨头是寒地黑土地区人冬日餐桌上的灵魂。在寒冷的冬季，酸菜是家家户户餐桌上的常用食品，每当农家杀完年猪，必定要炖上一大锅酸菜。酸菜通常选用经霜后的大白菜腌渍，菜叶厚实、特别耐煮、口感筋道。菜帮雪白透亮，菜叶浅黄鲜嫩，哪怕在锅里反复炖煮，依然脆爽可口。炖酸菜时，猪骨头是必不可少的搭配。下锅的猪骨头主要是大骨头，如腿骨、脊骨、胯骨等。炖大骨头最讲究技巧，要把骨头敲裂，却不能让骨髓流出来，这样在炖煮过程中，骨髓的精华就会慢慢渗入酸菜汤里，让汤喝起来格外鲜美。当锅里的酸菜和骨头煮到沸腾，厨房里香气四溢，酸菜的酸香、骨肉的鲜香，还有老汤的醇香，交织在一起，令人垂涎欲滴。炖好的酸菜，纤维细密，轻轻一夹就散开；大骨上的肉呈现诱人的乳白色；汤汁或是清亮澄澈，或是浓白如奶，表面漂浮着细密的油花。寒冷的冬日里，一家人围坐在桌前，吃着冒着热气的酸菜炖骨头，不仅味蕾得到了极大的满足，更能在这烟火气中，感受到浓浓的乡情和家的温暖。

四、铁锅炖大鹅

铁锅炖，俗称大乱炖，是寒地黑土地区菜系中极具代表性的烹饪方式。当地人将各类食材一股脑儿投入大铁锅炖煮，既彰显了黑土地物产的丰饶，又诠释了当地人豪爽热情的性格。这种烹饪方式看似粗犷，却能最大程度保留食材的本味与营养，是寒地黑土地区饮食文化的生动注脚。

在琳琅满目的铁锅炖菜品中，铁锅炖大鹅堪称经典中的经典。这道菜以独特的烹制工艺、丰富的口感层次和较高的营养价值而闻名。经长时间炖煮的鹅肉呈现诱人的金黄色泽，肉质鲜嫩细腻，借助铁锅良好的保温特性，滋味层层渗入肌理；再搭配多种香料与时蔬，香气浓郁扑鼻，视觉与味觉的双重冲击令人食欲大开。

1. 烹制步骤

（1）将大鹅洗净后剁成大小均匀的块状，土豆去皮切成滚刀块备用。

（2）鹅块冷水下锅，滴入几滴白酒，水沸后撇净浮沫捞出沥干。锅中倒入从鹅腹取出的油脂，炒化后加入葱、姜、蒜、八角、干辣椒、白芷等调味料爆香，随后放入鹅肉块，用小火煸炒至表皮油脂渗出，再烹入酱油、香醋、蚝油翻炒上色，加入少许冰糖炒至溶化。

（3）倒入一罐啤酒及适量清水，以没过鹅肉为宜，大火烧开后转为小火慢炖。待鹅肉能用筷子轻松插透时，放入土豆块继续炖煮，直至汤汁浓稠、土豆绵软起沙。

（4）锅中加盐与胡椒粉进行调味，大火收浓汤汁即可出锅。

2. 烹饪精髓

这道菜的绝妙之处在于以啤酒代水炖煮——啤酒中的糖分与麦芽的香气不仅能有效去除鹅肉的腥味，更能赋予鹅肉独特的鲜味，相较于用料酒去腥的效果更佳，啤酒还能充当“嫩肉剂”，使炖出的鹅肉鲜嫩不柴。白芷作为炖制家禽的必备香料，经油炒香后可充分释放香气，既能去腥还能为鹅肉增添别样风味，是提升菜品层次的关键。

3. 实用烹饪技巧

（1）用鹅油煸炒鹅肉：冬季大鹅腹部的油脂切勿丢弃，烧化后用于煸炒鹅肉，可增添醇厚的肉香，煸炒后需捞出油渣，以免影响汤汁的纯净度。

（2）焯水加酒去腥：冷冻的鹅肉在烹饪前需焯水，水中加入白酒可深度去除腥味，还原食材的本味。

（3）香醋提味软化：在炒制鹅肉时烹入香醋，香醋在挥发时既能带走异味，又能使肉质纤维软化，使鹅肉入口更加软烂，这是提升这道菜口感的点睛之笔。

如今，各地铁锅炖餐馆客流如织，北京、上海等城市铁锅炖的餐厅常出现排队的盛况；在小红书、抖音等平台上，与铁锅炖相关的美食笔记和视频的播放量居高不下。铁锅炖正以强劲的生命力从东北走向全国，绽放着寒地黑土地区饮食文化的独特魅力。

五、排骨炖油豆角

排骨炖油豆角是寒地黑土地区一道经典的家常菜，看似简单却非常下饭。鲜嫩的排骨与油豆角经长时间的炖煮，充分吸收了汤汁的精华，排骨的醇厚肉香与油豆角的清新豆香完美交融，口感浓郁而富有层次，是当地人餐桌上百吃不腻的美味。

这道菜之所以成为经典，源于其独特的食材选择与制作工艺。作为黑土地特产的油豆角，颜色鲜翠欲滴，肉质肥厚饱满，口感细腻柔和，堪称豆角中的上品。油豆角的表皮自带油润光泽，咀嚼时能感受到奇妙的油香。排骨通常选用东北山林里散养的黑毛土猪的小排脆骨，这类排骨的肉质紧实且富有弹性，富含钙质，为菜品增添了优质的营养与美妙的口感。

排骨炖油豆角的具体制作步骤：① 将油豆角洗净后，去除两侧的硬边，放入沸水中焯水煮熟，彻底去除豆角中的毒素，确保食材安全。② 把排骨洗净后，用盐和料酒腌渍一段时间，让排骨更入味、口感更鲜嫩。③ 将腌渍好的排骨与焯水后的豆角一同放入炖盅或锅中，加入适量的清水、盐、生姜、料酒、鸡精等调味料，用小火缓慢炖煮。④ 待排骨炖至酥烂脱骨、豆角绵软入味、汤汁浓郁醇厚时，便可关火出锅。

在这道菜的烹饪过程中，可根据个人口味偏好，灵活调整盐、料酒、鸡精等调味料的用量。刚出锅的排骨炖油豆角，排骨酥烂得轻轻一咬就能脱骨，油豆角吸足了肉汁的鲜美变得软烂入味，浓郁的汤汁包裹着食材，吃起来满口生香。这道菜不仅富含猪肉的优质蛋白质和排骨的钙质，还包含油豆角的膳食纤维与维生素，营养丰富且均衡，适合各个年龄段的人群食用，尤其适合家庭聚餐时作为主菜，既暖身又暖心，充分体现了寒地黑土地区家常菜的质朴与美味。

六、小鸡炖蘑菇

小鸡炖蘑菇不仅是寒地黑土地区的山野珍馐，更是当地家常菜中的经典之作。当一家人围坐餐桌共享这道美食时，蒸腾的热气里不仅有味蕾的满足，更有亲情的交融与乡愁的寄托，久而久之，它便成了寒地黑土地区人们心中关于家的温暖印记。

这道菜的原料极为讲究，需选用农家散养的小母鸡，肉质紧实、鲜嫩；搭配寒地黑土森林特产的榛蘑，菌香浓郁、醇厚；再辅以粉糯的土豆同炖，鸡肉的鲜香、蘑菇的醇厚与土豆的绵甜交融，汤汁浓稠入味，营养丰富且易于消化，堪称兼具美味与情怀的佳肴。

七、地三鲜

地三鲜是寒地黑土地区家喻户晓的家常菜，以茄子、土豆、青椒三种当季的新鲜蔬菜为主料，经简单烹饪便能成为一道美味佳肴。茄子的软糯、土豆的绵密、青椒的脆嫩完美结合，不仅味道丰富，而且汇聚了多种食材的营养，是餐桌上百吃不腻的下饭良品。

制作地三鲜的关键在选料与火候：茄子要选长条形、皮薄肉嫩、色泽油亮的品种，确保烹饪后绵软入味；土豆以黄心、口感沙甜的品种为佳；青椒则需选择肉质厚实、脆嫩多汁的品种。制作时，先将土豆和茄子炸至金黄酥脆，再与青椒快速翻炒，最后用盐和酱油调味，一盘色泽诱人、鲜香扑鼻的地三鲜便做好了。

八、熘肉段

“熘”是寒地黑土地区独具特色的烹饪技法，指将经过初步处理的食材回锅，快速裹上料汁，其中的精髓在于调配恰到好处的芡汁——稀稠适度、甜酸可口、咸淡适宜，需与食材浑然一体，方能呈现味觉精华。熘肉段作为该地区家常菜的代表，集选料严格、刀工精细、火候独到、芡汁讲究于一身，成品外酥里嫩、咸香适口，是当地人餐桌上的家常菜。

熘肉段的做法颇为讲究：① 选用猪前腿肉切成指节大小的块，清水浸泡去除血水后挤干，加入精盐、胡椒粉、料酒抓匀入味，再裹上泡发的湿淀粉，然后淋豆油锁住水分。② 把青椒掰成块，配红椒点缀。在油温达到五六成热时逐一下入肉段，大火炸至定型后打散，炸至金黄后捞出。③ 升高油温复炸，使肉段的外皮更加酥脆，青椒过油三秒后捞出。④ 锅中留底油爆香葱、姜、蒜，加入酱油、蚝油、清水，以及味精、鸡精、白糖、胡椒粉，水淀粉勾芡至浓稠，倒入肉段和青椒，大火翻炒。⑤ 最后撒入蒜末、滴陈醋提味。这样，一道外焦里嫩、香气四溢的熘肉段便大功告成。

九、土豆炖茄子

黏糊糊的土豆炖茄子浸满了烟火气的家常滋味，总能瞬间唤醒寒地黑土地区人记忆深处的温暖图景。酱香浓郁的汤汁裹着软糯的土豆、鲜嫩的茄子，配上一碗热气腾腾的白米饭，这不就是刻进骨子里的家乡味道吗？这道菜虽然做法简单，却将食材的本味发挥到了极致。

这道菜在制作时需选用新鲜的土豆与茄子，土豆切块，茄子撕成条状，一同入锅后加适量的清水与调味料，慢炖至食材软烂。炖好的土豆质地细腻、香气四溢，茄子吸饱汤汁后柔滑入味，与米饭拌匀后，口感丰富，令人回味无穷。

十、青椒炒干豆腐丝

干豆腐的筋道与青椒的香辣交织，成就了这道令人欲罢不能的下饭菜。制作青椒炒干豆腐丝的关键在于选料，需用薄如蝉翼、韧劲十足的干豆腐，搭配新鲜脆嫩的青椒。做法非常简单，将干豆腐切条、青椒切丝，入锅后快速翻炒。炒好的干豆腐入味有嚼劲，青椒香辣爽口。在烹饪这道菜时需注意细节：① 干豆腐焯水时加少许碱，可去除豆腥味并提升豆腐丝的嫩滑度，焯水后用冷水冲洗净残留的碱味。② 炒制时加适量的清水稍炖一会儿，能促进干豆腐吸收料汁。③ 最后勾芡需浓度适中，以小火收汁为宜。

十一、蘸酱菜

蘸酱菜以其独特的风味与质朴的口感，成为寒地黑土地区餐桌上经久不衰的菜肴。这道菜不仅承载着悠久的饮食传统，而且依循四季的更迭而变换食材，展现出顺应自然的智慧。

三四月份，园圃中越冬的白露葱、秋播的大蒜抽出新芽，此时的春葱积蓄了一冬的辛辣，兼具解毒、开胃之效。以干豆腐皮卷裹葱段食之，蛋白质与葱香交融，既是充饥良品，又暗合“春吃辛”的养生之道。

五月起，田野间的蒲公英、荠菜、茼蒿等野菜疯长，将它们焯水后蘸酱食用，鲜嫩中带微苦，既符合“夏日食苦”的传统，又具有清热解毒的药用价值。同时期菜园里的生菜、小白菜、水萝卜等蔬菜，脆嫩多汁，蘸酱后更显食材本味。

夏秋时节，脆生生的黄瓜、大葱、小圆葱等是餐桌上的常用食品；入冬后则换作白菜与萝卜——白菜手工撕片，萝卜切成小块，蘸酱食之可顺气去燥。尤其酸菜的娇黄菜心，蘸酱后酸鲜解腻，是冬日餐桌上的清爽慰藉。

大酱是蘸酱菜的灵魂所在。寒地黑土地区家家都有一口陶缸，长辈们传承着制酱的手艺：仅以大豆与粗盐为料，经两至三个月的发酵，终成色泽淡黄、醇厚咸香的酱料。每家酱味各异，人们却都坚信“自家缸里的最香”，这缸酱里沉淀的不仅是风味，更是岁月的味道。

如今人们愈发追求精致饮食的体验，蘸酱菜的吃法也随之讲究起来——最常见的便是将传统大酱替换为鸡蛋酱。往热锅中倒入足量的食用油，打入鸡蛋后用筷子快速搅散，炒至嫩滑蓬松时加入大酱，文火翻炒至酱香与蛋香交融，一碗香气扑鼻的鸡蛋酱便大功告成。若想给鸡蛋酱增添风味，可在炒制时加入辣椒丁，制成鸡蛋辣椒酱。这碗酱料堪称餐桌上的“魔法调料”，即便搭配再简单的饭菜，只需一勺便能瞬间提味。鸡蛋的绵密、大酱的醇厚与辣椒的辛香在舌尖交织，让食客在质朴的滋味中，也能收获恰到好处的满足感。

蘸酱菜的“黄金配角”非干豆腐皮莫属。寒地黑土地区的干豆腐皮柔韧如绢、弹性十足，堪称包裹食材的完美“外衣”。用它卷裹着婆婆丁、苣荬菜等带着微苦清香的野菜，或是夹入粗壮辛辣的大葱、鲜嫩爽脆的小葱，再裹上水灵的黄瓜、生菜、水萝卜等脆嫩蔬菜，蘸上浓稠的酱料，咬下时，野菜的清苦、葱蒜的辛辣、瓜菜的爽脆与酱料的咸香在舌尖层层迸发，瞬间绽放出蘸酱菜独有的质朴风味。

十二、东北大拉皮

作为寒地黑土地区的经典凉菜，东北大拉皮的起源可追溯至用猪皮熬煮切丝并搭配蔬菜的年代。东北大拉皮的传统做法多用马铃薯淀粉或绿豆淀粉，如今常用木薯淀粉制作，成品以晶莹透亮的色泽、绵软滑爽的质地、筋道细腻的口感著称。

东边大拉皮的制作工艺暗藏巧思，即将淀粉糊均匀铺展在特制器具上，迅速浸入沸水焯烫定型，顷刻间便形成一张薄如蝉翼、通透似冰的拉皮。这看似简单的步骤，实则对火候与时间的把控极为严苛，稍有偏差便会影响拉皮的筋道程度。

东北大拉皮酱汁的调制堪称味觉艺术。浓郁的芝麻酱、醇厚的生抽、酸爽的陈醋、辛辣的蒜汁、提鲜的白糖、咸香的食盐，再撒上喷香的芝麻与翠绿的香菜碎，诸多调味料在碗中碰撞融合，如魔法般激发出复合香气。当酱汁与拉皮充分缠绕，每一根拉皮都裹上浓稠的酱汁，入口瞬间，咸鲜、酸香、辛爽在舌尖层层绽放，恰似一场绚烂的“味觉烟花盛宴”。

东北大拉皮配菜的搭配更具妙趣，清爽的黄瓜丝、脆嫩的胡萝卜丝、水灵的豆芽，与滑嫩的拉皮形成口感上的绝佳平衡——每一口既有拉皮的软嫩柔滑，又有蔬菜的脆爽清甜，宛如交响乐中弦乐与木管乐器的和谐共鸣，在舌尖谱写出层次丰富的美味乐章。

十三、卤水大豆腐

在寒地黑土地区人眼中，超市里的盒装豆腐终究少了几分灵魂，豆腐坊现制的卤水大豆腐才称得上至味。刚出锅的豆腐滚烫而富有生气，豆腐坊老板将一整盘豆腐置于小车上沿街叫卖，早起的人们纷纷赶去挑选一块带回家中，趁着热乎劲儿直接蘸酱食用，或切些小葱花与豆腐拌匀，鲜、嫩、香、滑的滋味在口中四溢。卤水点制的豆腐鲜嫩却不失韧性，除了直接生吃，还适合用于炖煮，无论是炖鱼、炖白菜还是炖土豆，都能完美融入其中。

在铁锅炖鱼烹饪的过程中，豆腐是不可或缺的存在。鲜活的鱼类经轻微煎炸后，加入适量的调味料与汤水，将豆腐置于手掌之上，以手为砧板，凭借熟练的刀工将其切成小块，随后投入沸腾的锅中。通过大火煮沸后转小火慢炖的方式，使食材充分吸收汤汁，最终呈现出色泽诱人、味道浓郁的佳肴。鲜嫩的鱼肉与细腻的豆腐在浓稠汤汁的包裹下，散发着令人垂涎的香气。

在秋冬季的餐桌上，白菜以其硕大的体形、饱满的质感和鲜美的甜味成为当之无愧的主角。白菜与豆腐的搭配更是经典，豆腐即便经过长时间的炖煮，依然能够保持完整的形态，在与白菜烹饪时可适量加入海米增添鲜味，最后撒上葱花作为点缀，如果汤汁充足则可作为汤品享用，汤汁较少则可作为菜肴品尝。白菜与豆腐的组合，不仅价格亲民，而且口感极佳，恰如其分地诠释了朴素而踏实的生活哲学。

十四、炖冻豆腐

冻豆腐是寒地黑土的馈赠。当地人将豆腐切成块状后置于室外冷冻，凛冽的北风会带走豆腐中的部分水分，使其具备适宜的含水量与充足的弹性。经过冷冻处理的豆腐，可在室外长期保存，便于随时取用，烹饪时无需解冻即可直接下锅。冻豆腐和酸菜炖肉是绝佳的搭档：在大锅中将油加热至沸腾，放入猪肉和酸菜翻炒至香味四溢，随后加入足量的汤水，再将冻豆腐放入锅中，亦可加入粉条，待水沸腾后转小火慢炖。冻豆腐在热汤中轻轻颤动，充分吸收酸菜的爽口汤汁，其质地由原本的柔软变得富有弹性，即便长时间炖煮，风味依然浓郁醇厚。冻豆腐不仅是寒地黑土地区人童年记忆里的温暖味道，更是冬季炖菜中不可或缺的经典食材，与土豆片和大白菜共同构成了寒冬时节炖菜的黄金组合。一锅热腾腾的炖冻豆腐，洋溢着黑土地质朴而浓郁的生活滋味。

第三节　节庆食单

传统节日与节气承载着深厚的文化底蕴，从农历二月二龙抬头到冬至、腊八等时节，寒地黑土地区的人们依循时令变换着餐桌上的美食，让每一道菜肴都成为文化传承的载体。

一、春节食单

寒地黑土地区的春节食俗，将团圆愿景、吉祥寓意与美味追求熔铸一炉。除夕夜的年夜饭堪称重头戏，餐桌上“鸡、排骨、鱼、肘子”四大件缺一不可，分别象征吉祥如意、家庭和睦、年年有余与福气圆满。农村地区延续“杀年猪”的传统，当地人以新鲜猪肉烹制各色菜肴，炖菜文化在春节期间尤为彰显——比如经典的小鸡炖蘑菇，既以鲜香的滋味慰藉了味蕾，又暗合了人们对家庭和谐的美好期许。饺子作为春节饮食文化中的重要元素，不仅包裹着家的温暖，更寄托着人们对美好生活的向往。

以下是寒地黑土地区家庭在春节期间常见的饮食清单。

- 红烧肉：色泽红亮，象征日子红火、生活富足。
- 猪蹄：油润香浓，寓意诸事顺意。
- 清蒸鱼/红烧鱼：取“鱼”与“余”的谐音，代表年年有余。
- 小鸡炖蘑菇：山野珍味融合，寓意吉祥如意。
- 五彩大拉皮：滑爽筋道，喻指生活丰富多彩。
- 肘子：俗称“走字儿”，肥而不腻，象征福气圆满。
- 炖大鹅：过年必吃，讨个“圆圆满满”的好彩头。
- 杀猪菜：简朴豪放，诠释丰收与满足的喜悦。
- 锅包肉：外酥里嫩、甜酸适口，是孩子们的最爱。
- 红烧排骨：肉质紧实，寓意家庭和睦。
- 冻秋梨：解腻、醒酒，是寒地黑土地区特有的过年甜品。
- 饺子：除夕夜子时食用，象征新旧交替，包入硬币或糖果的饺子更藏着“来年好运”的惊喜。
- 年糕：谐音“年高”，祈愿事业与生活步步高升。
- 黏豆包：满族传统美食，以软糯香甜延续百年风味。

寒地黑土地区的人们在春节期间不仅享受着美食，更传承和弘扬着本地区的文化特色。街道上有高跷和秧歌表演，家家户户贴春联、窗花和“福”字，寄托着人们对新年的美好祝愿。守岁是传统习俗，除夕夜人们守在家中等待新年到来，同时点燃长明灯，祈愿家宅平安、老人长寿。

值得一提的是，大年正月初五又称“破五”，当地有“赶五穷”（智穷、学穷、文穷、命穷、交穷）的风俗，人们起早放鞭炮、打扫卫生、迎财神，寓意辟邪除灾、迎祥纳福。“破五”也有“送年”之意，过了这一天，年便接近尾声。寒地黑土地区人在“破五”这天通常要吃饺子，寓意将所有不吉利的事情全部“咬破”。

二、元宵节食单

元宵佳节食元宵，寓意新岁阖家欢乐、团团圆圆、幸福安康。寒地黑土地区的元宵并非包制而成，而是“滚”成的。在制作时，人们先将白糖、玫瑰、芝麻、果仁、豆沙等馅料用模具加工成小块，再把糯米粉倒入大笸箩中，放入馅块后反复晃动，糯米粉便层层裹附其上，越滚越大，最终“滚”成圆圆的元宵。

年糕也是寒地黑土部分地区正月十五的必备美食，象征着生活甜甜蜜蜜、一年更比一年高。年糕的样式丰富，有方块状的黄、白年糕，取意黄金、白银，寄寓着人们新年发财之愿。

寒地黑土地区的元宵节还保留着“躲灯”“送灯”“走百病”“笊篱姑姑舞”等习俗。

● 躲灯：新过门的媳妇当日需由亲戚接走，不得留在家中或回娘家，象征对新妇的护佑与祝福。

● 送灯：夜晚家家户户蒸制面灯并点燃，以黄豆面做成灯盏状蒸熟，既是照明，更是祈福仪式，寓意天人共享，祈愿平安、吉祥。

● 走百病：饭后众人结伴散步，尤其身体不适者借此祈求祛病延年。

● 笊篱姑姑舞：通过舞蹈纪念传说中象征智慧的女神“笊篱姑姑”，表达人们对她的崇敬之情。

这些习俗让寒地黑土地区人在元宵佳节中尽享节日的欢愉，更传承着独特的文化记忆。

三、农历二月二食单

农历二月二又称“春耕节”“农事节”“春龙节”，是汉族民间的传统节日，象征着春日的降临与农事的起始。届时，家家户户都会备齐食材，摆下合家团圆的宴席。寒地黑土地区人在这一天有独特的饮食食谱，食谱上的每道菜都承载着独特的寓意。

● 饺子（食龙耳）：饺子形似元宝与耳朵，取“龙耳”之意。饺子以白菜、猪肉为馅料，白菜切碎后与猪肉馅混合调味，包入饺子皮煮熟，象征着财源广进。

● 油炸糕（食龙胆）：面粉用沸水烫成絮状，揉成大面团后将其分成小面团，包入红糖馅，炸至金黄。油炸糕色泽金黄、状似龙胆，寓意着新年甜蜜、顺遂。

● 猪头肉（食龙头）：将猪头清理干净后加入葱、姜、蒜、花椒、大料、盐、酱油等调味料煮熟，寓意着新年的吉祥和丰收。

● 龙须面：面条在二月二这一天被称为“龙须面”，寓意着祈求龙的庇护和祝福。

四、立春日食单

寒地黑土地区在立春日有“啃春”习俗，也叫“咬春”。在这一天，人们会吃萝卜或其他可以咀嚼的食物，以祈求健康和好运；此外，还象征着在新的一年里，能够吃得苦、扛得住风雨，象征着坚韧和希望。

春天时节，人体阳气渐升、肝气旺盛，容易出现上火等症状，饮食需以清淡为宜。因此，立春时节食用新鲜蔬菜的传统得以流传，人们借由蔬菜补充身体水分，起到清燥、降火的作用。寒地黑土地区人在立春日的“啃春”通常吃的是春饼，即在面粉中加入盐和水，揉成面团后擀成薄片，制成春饼。人们用春饼卷上时令蔬菜，如豆芽、大葱等，迎接新春的到来，祈祷新的一年能够顺顺利利。吃萝卜也是“啃春”的重要组成部分，萝卜脆爽微辣，有助于顺气和防病，象征着在新的一年里身体健康、充满活力。

五、端午节食单

寒地黑土地区端午节的传统食物丰富多样，包括粽子、煮鸡蛋、茶叶蛋、煮鹅蛋、煮鸭蛋、打糕等。节日里，孩子们会玩“撞鸡蛋”的游戏，通过相互撞击鸡蛋来比试蛋壳的硬度。传说端午吃蛋是为了躲避重午时节的瘟疫，取“让瘟疫滚蛋”的寓意。

粽子是端午节最重要的食物之一。寒地黑土地区人吃粽子时喜欢蘸白糖，既增添美味又有助于消化。这里的粽子主要有两种：白色江米大枣粽和黄色黄米小枣粽，象征着家庭对美好生活的期盼。

除粽子外，寒地黑土地区人在端午还有独特的节令食单，这些饮食与习俗共同构成了地域鲜明的端午文化传统。此外，寒地黑土地区的端午传统还包括插艾蒿、挂纸葫芦、系五彩线、佩戴香囊等习俗，既蕴含着人们对健康的祈愿，也流露着对自然的敬畏与对美好生活的向往。

- 插艾蒿与挂纸葫芦：清晨外出散步是黑龙江地区的端午习俗，兼具庆祝与驱邪之意。艾蒿因其独特的芳香可驱蚊蝇、净化空气，人们采回后插于门楣，兼具辟邪防病的寓意；同时悬挂纸葫芦，借“葫芦”与“福禄”的谐音，祈愿家族人丁兴旺。
- 系五彩线与佩戴香囊：家长在端午清晨会在儿童的手腕、脚腕、脖颈处系上五彩线，传说可抵御蛇、蝎、毒虫等；待端午后首场大雨，儿童将五彩线摘下放入水中，寓意让水流带走疾病、瘟疫。此外，家长还会给孩子佩戴香囊，同样以驱虫、避瘟、预防疾病为目的，传递着家人对平安、健康的期盼。

六、中秋节食单

寒地黑土地区人的中秋传统食品以自制特色菜肴和月饼为主，其中，月饼作为节庆必备食品，象征着团圆和美满。在寒地黑土地区，当地传统的老式月饼如同儿时的挚友，每年中秋总会如约而至——丰富的五仁、口感独特的青红丝、细腻的豆沙……不同口味各有千秋。

五仁月饼作为寒地黑土地区传统月饼的经典代表，蕴含着深厚的文化底蕴与中秋情愫。五仁月饼以花生仁、芝麻仁、核桃仁、杏仁、瓜子仁五种坚果为主料，有时加入果脯、青红丝等，馅料颗粒饱满，口感层次分明：既有坚果的香脆，又有果脯的酸甜，甜度适中，回味悠长且饱腹感十足。

双酥月饼是从辽宁传入的传统月饼品类，在寒地黑土地区广受欢迎。双酥月饼的名字源于包酥工艺制成的酥皮——旧时北方月饼多为硬面皮，酥皮制品较少，故这类月饼更受青睐。

七、冬至食单

寒地黑土地区冬至那天的主要食物是饺子与炖菜。冬至吃饺子既象征团圆，又有抵御严寒之意。当地的饺子馅料丰富，有肉馅、蔬菜馅等，部分家庭还会在饺子中包入红枣、核桃等，增添节日氛围。

冬至的炖菜亦是不可或缺的美味，常见的有大乱炖、铁锅炖鱼等，既可口又能驱寒暖身，是家宴的重要菜品。以大乱炖为例，食材包含排骨、土豆、胡萝卜、玉米、豆角等，经炖煮后味道相互渗透，鲜美十足。这些食物兼具温补的功效，胡萝卜、土豆等根茎类蔬菜富含膳食纤维与维生素，有助于增强免疫力、促进消化。

八、腊八节食单

腊八节（农历十二月初八）据传起源于古代腊祭仪式，用以祭祀祖先神灵，祈求来年丰收、平安。在寒地黑土地区，因气候寒冷、农作物生长周期长，人们对自然的敬畏与感恩尤为深切，故腊八节不仅是庆祝丰收的节日，更是祈愿来年好运、家人安康的重要时刻。

腊八粥是腊八节的主角。不同于南方的细腻甜粥，寒地黑土地区的腊八粥更注重食材丰富与营养：红豆、绿豆、花生、大枣、糯米、小米等多种食材，经精心挑选、慢火熬制，成为色泽诱人、香气扑鼻的暖身美味。腊八粥凝聚着家人间的爱与关怀，是腊八节不可或缺的存在。

腌制腊八蒜是寒地黑土地区腊八的另一特色。人们挑选新鲜的大蒜泡入醋中，经发酵后蒜瓣变成翠绿色，酸辣可口，是春节佐餐的佳品。这一习俗不仅为节日添彩，更有驱邪、避疫的寓意，每颗腊八蒜都承载着家人对彼此的祝福与对未来的期许。

第四节　特色宴席

一、生日宴

寒地黑土地区人在庆祝生日的当天，会在清晨煮两个鸡蛋，然后将煮熟的鸡蛋从头一直滚到脚，希望将不顺之气从身上滚落，这被视为当地一种朴素的生日庆祝习俗。

在寒地黑土地区的生日宴上，菜品不仅丰富多样，还蕴含着美好的祝福：红烧肉象征着生活红红火火、幸福美满；清蒸鱼寓意年年有余；糖醋排骨代表着生活的甜蜜与幸福；豆腐则寓意“全都有福”……这些菜品不仅满足了人们味蕾的需求，更寄托着人们对生活的热爱与期待。在菜品的造型设计上，更是别出心裁。当地人常将菜品摆放成寓意吉祥的图案或文字，既增添了宴饮的趣味性，也体现了对“寿星”的美好祝福。

在寒地黑土地区，60岁被视作人生的重要节点，60岁之后每十年一次的大寿备受人们重视。在66岁寿辰时，人们通常会通过佩戴红色腰带、穿红色袜子，或食用六十六个饺子等方式来庆祝。在祝寿仪式上，寿星端坐正中，家人亲友上前祝贺，子孙后代行跪拜礼并献上贺礼。寿宴上，饭店通常会在主菜上桌后，向寿星赠送一碗长寿面——碗中仅有一根长长的面条，用鸡蛋或蔬菜进行点缀。当地人认为，生日时食用细长的面条，能够带来长寿与福气。晚辈们还会精心准备用面点制成的大寿桃，将其置于蛋糕之上，并在蛋糕的其他部分书写对寿星的祝福语。切蛋糕时，需确保寿桃完整无缺，以表示对寿星的敬意。

二、升学宴

在中国，升学宴是学子迈向更高学业阶段的重要庆祝仪式。在寒地黑土地区，升学宴的菜品选择与搭配承载着深厚的文化底蕴，不仅菜式丰富多样，每道菜更凝聚着对学子未来的殷切祝愿。

当地人在选升学宴的菜品时，既追求食材鲜美，又注重文化寓意：精挑细选各类肉品与蔬果，确保口感丰富、营养全面，其中鱼、鸡、鸭、猪等食材因营养价值高、味道鲜美而备受青睐。

鱼因肉质鲜嫩、营养丰富且寓意吉祥，成为升学宴的核心食材。在中国传统文化中，“鱼”象征“年年有余”，而“鱼跃龙门”这道菜的灵感源自传统典故，寓意学子通过拼搏跨越障碍、迈向人生新高度。此菜精选优质鱼类，用现代厨艺烹制，肉质鲜嫩、口感细腻，再搭配精致摆盘，使其形态如跃出水面的鱼，暗喻学子即将开启的崭新征程。

鸡在升学宴菜品中的地位同样重要，既是美味的代表，又因“金榜题名”的寓意而深受家长与学子的喜爱。该寓意源于古代科举制度——学子若高中则荣登金榜，而“鸡”与“吉”谐音，象征荣耀与成功。升学宴上的鸡肉菜品，往往寄托着家长对子女学业与人生的美好期许。

三、婚宴

在寒地黑土地区，在正式婚宴开始前的接亲礼中，便已融入诸多食品。在传统习俗中，婆家在接亲时需备四样礼给娘家：一是离娘肉：娶亲当日或前一天，男方需准备俗语中“一刀切下、六斤左右，四根肋条、五花三层连皮带肉”的猪肉送往女方家，部分地区还会附带猪腿。据当地老人所言，女娃出生时体重多在六斤左右，被视为“自娘身掉下的肉”，如今出嫁，新女婿便以离娘肉“还”给丈母娘。二是大葱：寓意新人未来的孩子聪明伶俐。三是长寿丝，即两把粉条，寓意着新人健康长寿、白头偕老。四是点心或喜糖：多为龙凤喜饼，点心表面印有龙凤图案，象征龙凤呈祥、幸福美满、生活甜蜜。随着生活水平的提高，如今婚礼的四样礼除传统老四样外，还增加了烟、酒、茶、水果等。

寒地黑土地区的婚宴通常至少包含16道菜品，讲究成双成对的寓意，其中，寓意吉祥的菜品尤为重要。例如，“龙凤呈祥”这道菜品，以龙凤造型入菜，象征婚姻美满、幸福长久；“年年有余”则选用形体完整、带鳞的鱼为主材，寓意家庭富足、生活圆满；“全家福”集合了多种海鲜、肉类与蔬菜，既能展现厨师的厨艺，又寓意着家庭和睦、团圆美满。

鸡因与“吉”谐音，是婚宴不可或缺的食材。传统婚宴常见的小鸡炖蘑菇等炖菜，如今随着个性化需求的增长，扒鸡、熏鸡等新颖做法逐渐流行。四喜丸子是寒地黑土地区婚宴的特色菜，几乎由纯肉制成，经油炸、蒸制后淋上鲜咸的酱汁，酥软不腻。此外，大虾烹饪后色泽红润，寓意镇宅吉祥，平安顺遂；排骨寓意“步步高升”，亦是主菜之一。近年来，龙虾、帝王蟹等高档海鲜也频繁出现在婚宴菜单中，搭配海鲜、凉菜与小炒，不断丰富着婚宴的菜单。

从婚宴用酒来看，高端婚宴的白酒主要有茅台、五粮液等；中、低端婚宴用酒的主要品牌是国内名酒的一二线产品、国内二三线品牌，以及地产品牌的系列产品，如郎酒、水井坊等。在寒地黑土地区的婚宴市场，白酒依然是主流，搭配葡萄酒、啤酒成为新动向。近两年来，当地婚宴用酒市场消费倾向于具有健康保健和契合潮流的定制化产品。许多年轻人用定制酒作为自己的结婚纪念品或者赠品送予亲朋，主要定制的方向有礼盒、照片、祝福语等。由于红色是传统的婚礼用色，寓意美好的红色盒装酒是寒地黑土地区婚宴市场包装的主流选择，尤其是在中低端婚宴白酒市场，但高端婚宴白酒受该因素的影响较小。

四、丧宴

在寒地黑土地区，红白喜事构成了社会交往的核心内容，其中红事特指婚礼，白事则指丧葬仪式。自古以来，丧事宴席是处理完丧事后的传统习俗，主办者常在酒店设午宴以表达对亲友的感激之情，即所谓的白事宴席。在收到白事邀请时，作为与逝者关系密切的亲友，除了参与葬礼仪式外，出席宴席是不可或缺的礼节。寒地黑土地区的丧事流程相对简化，通常在逝者病故后的第三天早晨进行火化，火化前在殡仪馆举行遗体告别仪式，简述逝者生平，以便众人与逝者作最后的告别。火化过程大约持续一个小时，在此期间，需至火葬场指定区域焚烧逝者的衣物及敬献的花圈，随后将逝者骨灰安葬。最终，逝者家属会举办答谢宴席以示感谢。

在丧宴的菜品安排上，数量应为奇数，并需搭配点心、主食及酒水。尽管丧宴菜品并无严格规定，但通常会包含一道羊肉菜品，鉴于羊象征着“跪乳之恩”，寓意着对逝者的感恩之情；同时，考虑到代表喜庆和成双成对的菜品，如红烧肉，因其色泽红润、香气浓郁，且名称中含有“红”字，与丧葬场合庄重肃穆的氛围不符，故不宜出现在丧宴之上。

第五节　特色烹饪

一、东北火锅

（一）东北火锅的发展历程

在寒地黑土地区人的日常生活中，火锅成为人们饮食生活的重要组成部分。每当夜幕降临，家人围坐在一起，共享一顿热气腾腾的火锅，这种温馨而和谐的用餐场景，正是寒地黑土地区民俗文化的生动写照。在节日庆典之时，火锅更是不可或缺的美食元素。无论是盛大的庙会活动，还是家庭聚会的喜庆场合，火锅总能以其独特的魅力，将人们的心紧紧相连。人们围炉而坐，品尝着鲜美的食材，畅谈着彼此的喜怒哀乐，共同庆祝着节日的到来。

寒地黑土地区的先民们在野外狩猎时，有架火烧陶罐烹煮各类食材的饮食习惯，该饮食方式逐渐传播至中原地区。由于东北火锅具有独特的鲜美风味，经过御膳房厨师的精心改良，融入山珍海味等高级食材，成为御膳中的佳肴。至乾隆五十年（公元1785年），宫中举办千叟宴，皇帝与老臣共饮欢聚，火锅成为宴席中的核心，推动了东北火锅在全国范围内的普及。

（二）寒地黑土地区的火锅风味

东北火锅的精妙，在于将中医滋补的智慧与饮食文化的深度融合——以天然药材为秘方配料，融合煮、炖、焖、煨等烹调技法，成就了鲜、香、滑、软、嫩的多元口感。东北火锅的味道层次丰富：肥而不腻的脂香、鲜而不腥的醇厚、淡而不寡的绵长，兼具滋补养颜之效，每一口都饱含黑土地的丰饶底蕴。

在烹饪方式上，东北火锅独具匠心，沿用传统的炭火加热，稳定的火候能持续激发食材的本味，而铜锅优良的导热性让食材受热均匀，确保每一口都保持鲜嫩的口感。这种古朴的烹饪组合，既赋予了火锅独特的地域烙印，更让饮食的过程成为对传统工艺的致敬。

汤料即火锅的底汤。东北火锅的底汤通常是以老汤为基，融入红枣、桂圆、枸杞等温补食材，更有满族火锅特有的人参、天麻、冬虫夏草等药材，经长时间煨熬至汤色澄亮、药香隐现；亦有以榛蘑、元蘑、草蘑等山野菌菇吊鲜的汤品，让林海的鲜味融入一锅滚烫。

蘸料是火锅不可缺少的部分。东北火锅的蘸料是用野山菌调制而成的，部分地区辅以麻酱调和，既能提鲜增香、平衡食材的口感，还能通过降温避免烫口，在实用与风味之间达成精妙的平衡。

这锅凝聚着寒地智慧的火锅，不仅是味觉的盛宴，更是中医养生理念与地域文化的具象化呈现——当炭火映红铜锅，汤料翻滚着药材与菌菇的芬芳，黑土地的凛冽与温热在此刻达成完美和解。

（三）特色食材的运用

寒地黑土这片被自然厚爱的土地，以其独特的地理气候孕育出火锅食材的黄金矩阵——当凛冽的寒风与黑土沃野交织，食材的风味与营养在此完成奇妙融合。

得益于寒地黑土地区较大的昼夜温差与纯天然饲料的养育，这里的猪肉肥瘦相间，如雪花凝脂，牛肉肌理间充盈着山野的气息，羊肉则以细嫩无膻著称。入锅后，肉质纤维在滚烫汤料中舒展，既吸附汤汁的馥郁，又保留了原肉的甘美，嚼至最后仍有脂香在齿间回荡。这些肉类不仅富含优质蛋白，更蕴含锌、铁等矿物质，在御寒滋补中扮演着重要的角色。

松茸、牛肝菌等山珍生长于未染尘嚣的林间腐殖层，吸收寒地草木的清冽气息，入锅后释放出带着泥土芬芳的鲜味，仿佛将整片山林的灵气浓缩于一口；白菜、菠菜在黑土的滋养下叶片肥厚，煮后脆嫩中透着清甜，既能中和肉类的厚重，又为火锅注入田园的清新；豆皮、腐竹等多以东北大豆制成，多孔的结构吸饱汤汁后，植物蛋白与豆香在口中层层绽放，膳食纤维更能调节肠胃，让饕餮盛宴多了一分轻盈。

这片土地的食材魔法，在于将寒地的严苛转化为风味的醇厚——当野生菌的山野之气、肉类的丰腴之美、叶菜的清鲜之味在铜锅中交融，不仅成就了火锅的味觉层次，更让每一口都成为对黑土自然力的致敬。

二、铁锅炖

（一）铁锅炖的发展历程

铁锅炖是寒地黑土地区极具代表性的烹饪方式，以灶台铁锅慢炖鸡、鹅、鱼、排骨等食材为特色，传统的铁锅炖用柴火加热，其中“铁锅炖大鹅”“地锅鸡”“灶台鱼”等尤为知名。追溯起源，清朝时期该地区的农村便以灶台铁锅为主要炊具，后因“闯关东”山东、河北移民的迁入，不同地域饮食文化在“乱炖”的基础上融合、创新，最终催生了这一独特的烹饪形式。

如今的铁锅炖已演变为饭店餐饮模式，多以电加热铁锅烹制。其烹饪讲究选用新鲜的食材——鸡肉、猪肉、牛肉等肉类搭配豆角、土豆、茄子等蔬菜，辅以香料和调味料入锅慢炖。铁锅良好的导热性可促使食材的营养与风味充分释放，经长时间炖煮后，食材软烂入味，汤汁浓郁醇厚，形成以咸香为主的独特味型。

随着现代饮食文化的迭代，铁锅炖在食材与技艺上均展现出创新与活力：① 海鲜与豆制品成为新亮点：贝类、深海鱼等高蛋白食材的加入，为传统炖菜注入了海洋的鲜味，丰富了口味层次；豆腐、豆皮等豆制品则以细腻口感与植物蛋白，为炖菜增添了清新的质感。② 智能温控等现代技术被广泛应用：精准控制火候得以保留食材的口感与营养，在提高烹饪效率的同时，让传统风味更贴合现代需求。

在寒地黑土地区，铁锅炖早已超越烹饪形式，成为文化象征。人们围坐在铁锅旁，在热气腾腾的炖菜与氤氲的香气中分享生活，这种围炉而食的场景，不仅是地域饮食文化的具象呈现，而且是连接人情往来的情感纽带——当木柴的烟火气与食材的鲜香交织时，黑土地的厚重与温暖便在一锅炖菜中缓缓流淌。

（二）寒地黑土地区的铁锅炖风味

铁锅炖的烹饪技艺历经数代的打磨，早已形成刚柔并济的独特风格。在烹饪过程中，对铁锅的选择至关重要，铁锅的材质与厚度决定了食材受热的均匀度。此外，铁锅炖还需注重对火候的掌握，既要保证食材熟透又要锁住营养。铁锅炖的精妙之处还在于运用调味料和香料，使菜品味型层次分明——这种将粗犷豪放与细腻精致融为一体的烹饪哲学，正是寒地黑土地区饮食文化的缩影。

1. 经典铁锅炖菜品

（1）铁锅炖大鹅：铁锅炖通常选用当地放养的土鹅，土鹅的脂肪储备充足，肉质紧实且脂香浓郁。鹅肉性平味甘，益气补虚，是寒地越冬的滋补佳品。落雪时节围炉而食，滚烫的鹅肉既能抵御严寒，又饱含“秋收冬藏”的生活智慧。

（2）走地小笨鸡：田野间奔跑的土鸡，肉质紧实。入锅后鸡皮滑若凝脂，鸡肉越嚼越香，与被誉为“山珍之王”的榛蘑同炖——晒干的榛蘑吸饱鸡汤后，菌香醇厚、质地滑嫩，二者组合堪称“山野鲜味的黄金搭档”。

（3）江湖鱼鲜：以胖头鱼为首的河鲜阵容令人称绝，尤其是氨基酸含量极高的胖头鱼，个大体肥；青鱼、嘎牙鱼等经慢炖后，鱼肉吸满汤汁，细嫩中透着鲜甜。

2. 铁锅炖经典配菜

（1）玉米：寒地黑土地区是“世界三大黄金玉米带”之一，当地产的玉米粒与炖菜汤汁交融后，黏糯中裹着咸香，清爽解腻，恰如黑土地的质朴回甘。

（2）粉条：洁白晶莹的粉条久煮不断，在铁锅中充分吸收汤汁精华，变得饱满入味，每一口都裹挟着醇厚的酱香，是炖菜中吸味的灵魂角色。

（3）玉米贴饼：这道必备的主食堪称铁锅炖的“味觉终结者”——玉米面与水和成的面团贴在铁锅边缘，借炖菜的火候烤至金黄。饼底焦脆、内里松软，一面吸饱了炖菜的浓汁香气，一面保留着玉米的清甜，蘸着汤汁入口，咸香与麦香在舌尖层层绽放，将整锅炖菜的风味推向高潮。

（三）铁锅炖的营养价值

在营养学的视角下，铁锅炖以其食材组合的科学性与烹饪工艺的独特性，成为兼具美味与健康的典范。其食材矩阵涵盖优质蛋白质（禽肉、河鲜）、不饱和脂肪（野山菌油脂）、复合碳水（玉米、粉条）等基础营养素，通过黄金配比构建起均衡的营养体系，能全面满足人体日常代谢需求，尤其适合寒地居民抵御严寒的能量储备。

1. 消化吸收的科学设计

慢炖工艺是铁锅炖的健康密码：长时间低温炖煮使肉类纤维软化、植物细胞壁破裂，食材分子结构被分解为更易吸收的小分子。如鹅肉中的胶原蛋白经炖煮转化为氨基酸，吸收率可提升30%以上；榛蘑的多糖物质充分溶出，可增强人体免疫活性。这种烹饪方式既保留食材本味，又将营养素的生物利用率最大化，对儿童、老人等消化功能较弱的人群尤为友好。

2. 药膳同源的保健智慧

（1）食材的功能性配比：铁锅炖中加入的党参、当归等中药材，与鹅肉、鸡肉形成“以食为药”的组合。党参皂苷与动物蛋白协同，可增强造血功能；当归多糖与脂肪结合，可促进血液循环，特别适合冬季进行气血调养。

（2）锅的补铁效应：铸铁锅在高温炖煮中释放的亚铁离子，能以血红素铁的形式被人体吸收。每公斤炖菜约含0.5~1毫克的铁，相当于每日铁需求量的 10%，对预防缺铁性贫血具有日常食补意义。

3. 对现代健康饮食的启示

这种将传统烹饪智慧与现代营养学结合的模式，展现出铁锅炖的三重营养价值：营养素的全面供给、消化吸收的高效转化，以及药食同源的保健功效。尤其在现代快节奏的生活中，铁锅炖的慢炖理念与均衡营养，为当代人提供了兼顾美味与健康的饮食范本——当一锅热气腾腾的炖菜端上餐桌时，升腾的不仅是烟火气，更是寒地黑土地区先民留给现代人的健康饮食哲学。

三、烧烤

（一）寒地黑土地区烧烤的发展历程

烧烤作为人类烹饪技术的原始形态，其根源可追溯至远古时期。先民发现火焰炙烤能杀灭生肉中的寄生虫与细菌，由此开启了这一烹饪方式的漫长传承。随着人类迁徙与贸易往来，烧烤文化扩散至全球，形成了各具特色的烧烤文化。在中国，烧烤文化丰富多彩，我国北方地区将烧烤发展成为极具地域特色的饮食文化。寒地黑土地区的烧烤博采众长，以海鲜、肉类、蔬菜为基底，搭配独特的烤制工艺与调味手法，淋漓尽致地展现出黑土地的豪放性情与烟火热情。

据考证，寒地黑土地区烧烤的雏形源于辽宁锦州，其烹饪体系分为“生烤”与“熟烤”。锦州烧烤以盐、辣酱、孜然、芝麻为调料，部分老店更以独家中草药秘方腌制食材，赋予了肉品独特的鲜香层次。锦州烤制讲究对“刷、撒、烤、翻” 节奏的把控，让食材外焦里嫩、色泽红亮，咬下的瞬间肉汁与香料在口中迸发。

20世纪90年代初，锦州在从计划经济向市场经济转型的过程中，催生了旺盛的商业活力。羊肉串因风味独特、入行门槛低，成为那时创业者的首选。一批颇具商业嗅觉的锦州人投身烧烤行业，从街头摊位到固定门店，在摸索中精进技术、钻研口味，历经数年打拼，将锦州烧烤从零散经营推向规模化发展，为寒地烧烤文化奠定了最初的商业根基。

进入21世纪后，寒地黑土地区掀起了“烧烤热潮”。城市街巷间烧烤店如雨后春笋般涌现，无论寒暑，光顾烧烤摊已成当地人的生活日常，夏季更是人声鼎沸、烟火升腾，就连非烧烤类餐馆也纷纷在街边支起烤炉，增添烧烤品类。

如今，烧烤从街头小吃蜕变为独具魅力的地方美食——当孜然香混杂着炭火味在夜色中弥漫，铁签上的食材滋滋作响，这不仅是味觉的盛宴，更成为寒地黑土地区人关于市井生活的集体记忆，见证着这片土地将粗犷与细腻熔铸于烟火之中的饮食智慧。

（二）丰富的烧烤食材

寒地黑土地区的烧烤食材有几十种之多。肉类食材在其中占据重要地位：猪肉肥瘦相间，经炭火烤制后肉质鲜嫩，肥而不腻，散发出浓郁的肉香；牛肉口感紧实、营养丰富，烧烤后口感更细腻，带有淡淡的炭火香气；羊肉独特的膻味经炭火烘烤后变得醇厚，口感鲜美多汁。

海鲜类食材也是寒地黑土地区烧烤的重要组成部分：鱼类肉质细嫩、易消化，烧烤后鱼皮酥脆，内部肉质鲜嫩，令人欲罢不能。

蔬菜类食材在烧烤中同样关键：茄子、土豆、玉米、韭菜、辣椒等蔬菜经炭火烤制后，既能保留原有营养，口感也更鲜美。蔬菜的清爽与炭火的香气结合，让食材的口感更加丰富。

烧烤的主食包括馒头片、面包片、饼等，经烤制后的主食香辣可口、酥脆适中，能满足不同食客的口味需求。

（三）寒地黑土地区的烧烤风味

在寒地黑土地区，特殊的气候条件让烧烤不仅成为当地人抵御严寒的饮食选择，更发展为极具地域特色的美食文化。这里的烧烤以独特的炭火技艺、特殊的调味料和精细的食材处理，形成了鲜明的风味特质，为食客带来别样的味觉体验。

寒地黑土地区的烧烤技法丰富多样：有的采用炭火慢烤，让食物呈现诱人的金黄色；有的用炭火快速炙烤，达到外焦里嫩的口感。其中，炭火烧烤作为核心技艺深受食客的喜爱——炭火燃烧稳定，能提供持续适中的温度，既能保留食材的原始风味和营养，又比其他热源更能凸显食材的本味，让食客尝到地道的鲜香。

寒地黑土地区的烧烤调味料独具匠心，以辣椒、孜然、芝麻为主要原料，经过精心的配比和加工，形成麻辣鲜香的口感。这种调味不仅提升了烧烤的风味层次，更赋予其独特的地域特色，让食客在品味时感受到浓厚的地方文化。

在食材的处理上，寒地黑土地区的烧烤十分注重食材的新鲜度和完整性：选材时多选用优质、新鲜的食材，确保口感和质量；处理时尽量保持食材的完整，减少破坏，最大程度保留食材的原汁原味，体现了对食材品质的严格追求。

在寒地黑土地区，烧烤不仅是味觉的享受，更承载着当地深厚的饮食文化：冬日里亲朋好友围坐共享烧烤，既是亲密的社交方式，也寄托着对美好生活的向往。如今，烧烤已成为寒地黑土地区的特色旅游文化资源，吸引众多游客前来品尝和体验。

（四）独特的大庆坑烤

大庆坑烤是黑龙江省大庆市的标志性美食，其烹饪技艺源于传统农村灶坑、田间地坑熏烤食物的古法。人们在制作时，先将食材用特制调味料腌制入味，再裹上锡纸，外层封上黄泥，或直接用锡纸包裹，放入以炭火、木板为燃料的坑炉中；待炉内砖块烧至通红，放入食材并加盖密封，利用余温焖烤，让热力均匀渗透，锁住食材的本味。坑烤这一独特的烹饪方式，不仅完整保留了食材的原始鲜香，更凭借醇厚的烟火气息与焦香的口感，成为当地饮食文化的代表。

大庆坑烤的食材极为丰富，涵盖土豆、地瓜、玉米等粗粮，鸡蛋、鸭蛋、鹅蛋等蛋类，以及猪五花肉、羊排、羊腰等肉类。坑烤五花肉堪称一绝，经高温炙烤后，五花肉外皮焦脆金黄，入口瞬间，浓郁的烟熏香气在口腔散开，丰腴的脂油缓缓渗出，醇厚的滋味令人回味无穷，是备受食客青睐的解馋佳品。

四、烤肉

（一）寒地黑土地区烤肉的发展历程

在寒地黑土地区，烤肉不仅是美食，更是一种文化现象，其中齐齐哈尔烤肉文化的影响力尤为深远。

据齐齐哈尔文史学家谭彦翘在《齐齐哈尔烧烤溯源——锅铁》中记载，当地曾盛行“锅铁”吃法，即将锅片架在炭火盆上，待牛油融化后，用木筷夹牛肉片在锅上翻烙，肉片变色后蘸料食用，这便是烤肉的雏形。

20世纪80年代，羊肉串烧烤技艺传入齐齐哈尔，推动了该城市烧烤业的发展。当时街边出现的“小串”，成为工人下班后聚餐的首选。摊主用蒲扇扇风翻串，油脂滴在木炭上腾起浓烟，肉香与炭香交织，烤出的肉串外焦里嫩、鲜嫩多汁。由于齐齐哈尔一些大型企业工人的薪资较高、消费能力强，烧烤摊贩逐渐聚集在这些企业的周围。为解决冬季露天食用寒冷、不卫生等问题，摊贩们开始租店面经营，改用镂空铁质烤盘代替烤串，深受工人们的欢迎。

在齐齐哈尔的烧烤文化中，这些企业的工人不仅是消费主力，他们还将烤盘制作工艺融入技术传承——第一代烤盘由工厂废料在车床上加工而成，老师傅们还会钻研烤炉的材质、烤盘的形状、凹槽设计等细节。20世纪90年代初，烤肉逐渐走进齐齐哈尔的家庭，当天气适宜时，户外家庭烤肉成为了常见的场景。2022年6月，齐齐哈尔市被授予“国际烤肉美食之都”的称号；同年，齐齐哈尔市烤肉技艺入选黑龙江省级非物质文化遗产。

随着齐齐哈尔烤肉文化的传播和物流商务的发展，齐齐哈尔市的牛肉实现了在寒地黑土地区的大规模配送，家家户户配备烤盘，烤肉成为家庭聚餐和朋友聚会的首选。近年来，电影《西虹市首富》和纪录片《人生一串2》的播出，让齐齐哈尔烤肉获得了更为广泛的认可。如今，齐齐哈尔烤肉门店已开遍全国，并成功走向国际市场。

（二）优质讲究的烤肉食材

寒地黑土地区的烤肉首选来自齐齐哈尔的优质肉类。齐齐哈尔地处松嫩平原，与内蒙古接壤，位于北纬47度黄金奶源带和国际最佳畜禽饲养带，这里牧草优良，水源pH值常年保持在8.5左右，有利于维持牛体内的酸碱平衡，肥沃的黑土地为大规模的畜牧业提供了充足的饲料，这里仅肉牛的饲养量就超过110万头。独特的饲养环境和生长周期，让这里的肉类肉质鲜美、营养丰富。

安格斯牛肉和龙江华牛主要面向高端牛肉市场，其中龙江华牛是齐齐哈尔培育的品种，由日本和牛与本地牛杂交选育而成，已获得国家正式命名；此外，西门塔尔牛仅选用特殊部位的肉，荷斯坦牛则属于奶肉兼用品种，因养殖期长、脂肪含量高，拥有美妙的雪花纹理，都是极具优势的烤肉食材。在烤制过程中，这些优质肉类能充分吸收调味料的滋味，让烤肉的味道更加醇厚。

（三）寒地黑土地区的烤肉风味

在中华饮食文化版图中，寒地黑土地区烤肉以鲜明的地域特色自成一派，其烤制工艺凝结着世代传承的烹饪智慧，将寒地黑土地区人的豪迈与细腻融入烟火之中，成为令人垂涎的美食。

寒地黑土地区烤肉的灵魂，藏在“拌肉”的每一个细节里。香菜、洋葱、孜然等调料不可或缺，但用量需精准拿捏：盐作为提味关键，少则寡淡，多则夺肉香；加入时机亦有讲究——过早会使肉质紧实，过晚则难以入味。拌肉时油量的把控同样重要，油少易粘锅，油多则油烟四溢。

在烤制时，火红的炭火是激发肉香的关键。待烤盘升温，先用奶白色的牛板油润盘，随后铺上精心腌制的肉片。在高温的炙烤下，肉类的油脂滋滋渗出，逐渐变得鲜嫩多汁、口感醇厚。这种火候与调味的精妙配合，源自烤肉师傅们经年累月的实践。许多技艺通过家族代代相传，在传承中不断精进，延续着寒地黑土地区人的饮食匠心。

寒地黑土地区烤肉的独特风味，离不开特色调味料的加持。当地特产的辣椒、花椒、花生碎、熟芝麻、核桃碎、孜然、苏子碎等原料，经过精心配比，赋予了烤肉麻辣鲜香的复合口感。每一口都层次丰富，令人回味无穷。

在寒地黑土地区，有“吃肉不吃蒜，味道少一半”的说法。不同于别处的蒜片，这里往往是整颗大蒜直接上桌，供食客自由取用；包肉的紫苏叶更是点睛之笔——比起生菜，当地人偏爱紫苏独特的清香。当紫苏叶裹着肥瘦相间的烤肉、大蒜入口，辛辣、鲜香与草本的气息瞬间在口腔迸发，巧妙地中和了肉的油腻，为食客带来了直击味蕾的满足感。

五、熏酱熟食

（一）熏酱熟食的发展历程

在寒地黑土地区的乡镇街巷，最小的集镇也至少有一家熏酱熟食店。店里的猪头肉、猪蹄、香肠、小肚、烧鸡等，以清冽悠长的香味，成为当地人童年记忆中的味觉印记。当地人在采购蔬菜、肉类时，总会顺路买些熟食，现成的美味摆上餐桌，既方便又体面。到了秋冬季，不少家庭还会自制香肠、卤猪头、酱牛肉等，在追求食材本味的同时，也确保了饮食的安全与美味。这里的熟食店大多不设堂食，食客买完后装袋带走，供全家分享。拎上几样惦记的熟食，就意味着一场回家的团圆饭，无论如何选购，人们在品尝时总能心生暖意，因为每一份熟食的背后，都藏着回家吃饭的团圆故事。

寒地黑土地区的先民们很早就已掌握独特的烹饪技法与调味配比，制作出风味各异的熟食。历经朝代更迭，历代厨师在尊重传统技艺的基础上不断创新，逐渐形成了独具特色的熏酱风味。

近代以来，西方饮食文化的融入进一步丰富了当地肉食加工的多样性。20世纪初，哈尔滨作为东北交通的枢纽，吸引了大量欧洲人的迁入，他们在当地建立肉制品企业，引入红肠等西式肉制品。随着我国铁路网络的不断延伸，红肠、火腿等通过交通干线在寒地黑土地区的主要城市传播，中西饮食文化的碰撞交融，也催生了多元的熏酱熟食市场。

（二）寒地黑土地区的熏酱制法

在寒地黑土地区，可以说是万物皆可熏酱。在琳琅满目的熏酱菜品中，当地人尤其偏爱与猪和牛相关的食材：从猪肘、猪蹄、猪内脏到猪头、猪尾，甚至猪骨髓都能被物尽其用；牛腱子、牛百叶、牛肚、牛蹄筋等部位，更是熏酱食材的绝佳之选。

酱熏技法可拆分为“酱”“熏”两道核心工序。传统酱制食材以猪蹄、牛肉、猪肚等荤料为主，过去多以豆酱为调味料，如今常用酱油替代。食材的处理各有讲究：有的食材需先用酱油腌渍；有的食材经过初加工后，需过油炸制，再入酱卤汤煮制。根据原料与汤汁的差异，酱制又分“清酱”“卤酱”“陈汤酱”“原汁酱” 等。例如，陈汤酱的汤中会加入八角、山柰、桂皮、丁香等多种香料熬煮，赋予食材复合香气；原汁酱则在酱制完成后，当地人会将剩余酱汁大火收浓，浇在酱肘子、酱猪肚等成品表面，增味提色。酱制后的食材外表色泽较淡，刷一层香油可让色泽更诱人。

此外，酱制品还需趁热“锅熏”以增添熏香味，根据工具、环境、原料等状态的不同，熏法的形式也不同。例如，按熏制工具和环境的不同，可分为“封闭熏”（锅熏）和“敞炉熏”（缸熏）；按熏制原料的生熟状态，可分为“生熏” 和“熟熏”。

熏制时需不时翻动食材，确保食材熏制均匀，成品呈金黄色，自带独特的熏香且更易保存。以“锅熏”为例：茶叶、木屑等在锅中燃烟，酱制品经数分钟熏炙即可。熏制这一步时间虽短，但不可或缺，少了这一步，熟食便缺了熏制的香气。熏制的时长也很有讲究，时间过短则食材不香、时间过长则食材外皮发苦、发黑，影响口感与色泽。

当揭开熏锅，金黄或红润的食材裹着复合的香气喷涌而出——这道历经酱煮与熏炙双重工艺的菜品，才是地道寒地黑土地区熏酱的关键所在。

（三）寒地黑土地区的代表性熏酱熟食

1. 哈尔滨红肠

哈尔滨红肠以猪肉与牛肉巧妙配比为原料，融入八角、大蒜等香辛料调味，同时选用兴安岭地区树脂含量低的柞木、椴木、桦木、榆木作为烘烤燃料，造就了独特的蒜香与烟熏风味。成品肠体暗红，表面偶见细碎木炭灰，肉质紧实弹牙，其间点缀的乳白色肥肉小丁经熏烤后脂香四溢。哈尔滨红肠既可切片装盘，佐酒下饭；也能手撕生啃，体验豪爽的吃法；更可通过爆炒、烧烤、油炸等多样烹饪，解锁红肠不同层次的风味。

2. 中式风干肠

中式风干肠属腊肠品类，以精选肉类切块搅碎，搭配辅料腌制入味，灌入肠衣后经多道工序制作而成。风干肠的选料尤为关键：瘦肉取腿肉、臀肉等结缔组织少的部位，肥肉则选用猪背部的皮下脂肪。灌制后的生肠需历经日晒烘烤、捆扎定型、发酵熟成与煮制等步骤。若给风干肠垫上洋葱和干豆腐等食材一起蒸煮，那些吸收了肉香的配菜甚至比风干肠本身更令人垂涎。

3. 粉肠

寒地黑土地区的粉肠以大量淀粉与猪肉混合，造就软糯爽滑的独特口感。制作粉肠时，将肥瘦猪肉馅与沸水烫制的淀粉糊按1∶5的比例充分融合，灌入肠衣后温火慢煮，再经熏锅熏制上色，最后涂抹香油提亮。熏至淡黄的粉肠，质地丰润，入口软嫩咸鲜，香而不腻，掰开后直接配饭，便是质朴又满足的家常美味。

4. 松仁小肚

寒地黑土地区拥有茂盛的山林，松子、核桃、榛子等坚果产量颇丰，其中，红松的松子油润醇香，既是零食佳品，也是烹饪良材。黑龙江的松仁小肚以猪精肉、松仁、绿豆淀粉为原料，灌入猪小肚后用清水煮熟，再用糖熏制；吉林的松仁小肚则将瘦肉馅、肥肉丁与绿豆淀粉混合，拌入炒熟碾碎的松仁，于酱锅中慢煮入味。成品的松仁小肚咸鲜紧实，切片后松仁的清香若隐若现，为醇厚的猪肉风味注入山林野趣，一口便能尝尽黑土地的丰饶与灵秀。

5. 卤猪头、拌猪耳、熏肥肠

上至头耳，下至大肠，猪身上的这些“边角料”经多种工艺做成熟食后，远比单纯的猪肉更有滋有味。在寒地黑土人家，猪头肉并非仅在二月二食用，而是四季常备的食材。卤制后的猪头肉褪去腥气，猪耳单切配黄瓜、香菜凉拌，猪舌与猪鼻切片蘸蒜，剩余部分则可做成焖子。焖子的制作并不复杂，即趁热将猪头肉剃下，用屉布包裹后以重物压实，挤出油脂使碎肉粘连。焖子筋道滑韧，切片后或凉拌、或蘸蒜酱，抑或码盘撒花椒面与葱花蒸制，堪称下酒绝配。餐桌上一边是酱大骨棒等浓郁炖菜，一边是清爽的猪头肉与花生米，再烫上一壶本地的烧酒，喝酒吃肉便是黑土地上人们的惬意时光。

6. 酱肘花、熏猪蹄

猪肘与猪蹄富含胶质，或卤或酱或熏，皆为熟食菜谱上的一道美味。冷藏成型的酱肘花切片后，用生抽、米醋、辣椒油、蒜蓉等调汁蘸食，韧滑浓香。更具农家风味的吃法是将酱肘肉片搭配黄瓜条、炸土豆丝等，用大煎饼卷之，再抹上鸡蛋酱。熏猪蹄则以香滑的口感见长，烟火气赋予其独特的韵味，是佐酒下饭的经典之选。

7. 熏鸡、酱鸡、大庆扒鸡

在寒地黑土地区，人们常把整只鸡做成熏鸡、酱鸡、卤鸡，或将鸡拆解为鸡翅尖、鸡爪、鸡杂等，进行单独烹制，力求熟烂脱骨、醇香入味。经过熏煮酱卤后的鸡翅、鸡爪等散发幽幽的香气，无论是作为看电视的零食，还是餐桌上的下酒小菜，皆恰到好处。

大庆扒鸡作为当地的特色美食，其历史可追溯至20世纪50年代。大庆扒鸡的工艺独特，选用嫩鸡炸至金黄，配以口蘑、酱油、丁香、砂仁等多种香料，用陈年老汤煮制而成。做好的扒鸡色泽诱人、口感滑嫩、清香四溢，且兼具低脂肪、低血脂、低胆固醇等特点，从食材到工艺皆体现着寒地黑土地区人对美食的匠心追求。

六、麻辣拌

（一）麻辣拌的发展历程

麻辣拌起源于20世纪90年代中期的辽宁省抚顺市，当时四川麻辣烫进入抚顺市场后迅速走红，敏锐的创业者从中看到了商机。一对夫妻洞察到东北人的饮食偏好与西南地区的差异，通过改良麻辣烫，推出了更贴合东北口味的麻辣拌，并开创了差异化的经营之路。

这对夫妻发现，麻辣烫的汤底模式在东北存在适应性问题。东北人饮食偏重油重盐，于是他们大胆取消汤底，直接将煮熟的食材拌料调味，既强化了浓郁的口感，又降低了成本；同时，他们注意到“麻辣烫”的名称已不符合无汤拌食的特点，便将其更名为“麻辣拌”，既能精准反映产品的形态，又便于消费者记忆。这种创新策略让麻辣拌在抚顺的众多麻辣烫店铺中脱颖而出，迅速风靡全城，成为当地的美食名片。

随后，麻辣拌逐渐向辽宁省其他城市扩散，最初多见于中、小学校的门口，深受学生群体的喜爱，如今已成为街头巷尾的经典小吃。在寒地黑土地区，麻辣拌店遍布各城市，消费者通过手机的外卖平台可轻松查找附近的店铺，尤其受到年轻人的追捧，成为兼具传统风味与现代便捷的人气美食。

（二）寒地黑土地区的麻辣拌风味

麻辣拌是将煮熟的食材沥干后，加入多种佐料拌匀，口感干爽，味道丰富且层次分明。它是对传统麻辣烫的创新与改良，在保留麻辣口味的同时，去除了汤底，让食材的口感更加浓郁，更契合当地人的饮食习惯；同时，麻辣拌的制作方法灵活多样，可根据个人口味灵活调整，满足了不同消费者的需求。

在麻辣拌中，酸甜口味是其中不可或缺的部分。酸甜口味又可细分为酸而不甜、甜辣、微辣酸甜、酸甜麻辣等多种风味。仅凭酸甜这一元素，就能创造出麻辣拌的多样滋味，可以说酸甜味是麻辣拌风味多样化的基础，白糖和陈醋为这道美食注入了灵魂。新鲜拌制的麻辣拌散发出浓郁的酸香，而甜味则在不经意间为麻辣拌增添了鲜香。当然，麻辣味在其中也必不可少，在白糖和陈醋的衬托下，辣椒的味道毫不逊色。当裹满酱汁的菜品入口时，先是感受到酸甜与鲜香，随后麻辣味便接踵而至，令人回味无穷。

麻辣拌的食材主要有土豆、海带、牛丸、鱼丸、苋粉、茼蒿、白菜、菠菜、香菜、油麦菜、豆泡、豆皮、平菇、金针菇、方便面等。这些食材虽然平凡，但经过烹制，却能变成令人难以抗拒的美味。以土豆为例，在麻辣拌中它有三种形态：薄切的土豆片几乎透明，藏在碗中，吃起来既有韧性又带点脆感；厚切的土豆片则容易在众多食材中被注意到，厚实的质地在口中几乎能达到绵软的程度；网格状的土豆片口感尤为独特，土豆充分吸收了酱汁，每一口都滋味十足。豆制品如豆皮、豆泡、冻豆腐、豆筋等在麻辣拌中也很受欢迎，吸满汤汁的豆制品入口时，能让人体验到满口爆汁的快感。豆制品本身味道清淡，但与麻辣拌的酱汁结合后，立刻就有了丰富的风味。

第六节　特色主食

一、环境决定的主食

（一）寒地黑土地区主食从哪来

早期的寒地黑土地区以种植高粱、糜子、谷子、荞麦、玉米、豆类等杂粮为主，人们将这些杂粮做成干饭、稀饭、水饭、黏饭等，或磨成粉制成面食，构成了当地主食的原始形态。千年以来，民族迁徙与人口流动持续影响着这片土地，东北人以面食为基底，融合各地饮食的精华，让土生土长的大米、杂粮与外来的面粉等原料相互成就，共同绘就出寒地黑土地区人的主食谱。

这片沃野千里、江河密布的黑土地，凭借肥沃的土壤成为我国重要的粮食基地，万亩良田孕育的粳稻品质上乘。长达5个月的生长期，让每粒稻米都汲取了土壤中的丰富养分，结实饱满。得天独厚的自然条件，使高产味美的大米逐渐成为寒地黑土地区人餐桌上的第一主食。

寒地黑土地区的杂粮同样潜力非凡，玉米、高粱、燕麦等在独特的地理气候中展现出非凡的生长态势。黑土的丰饶养分与适宜的气候条件，赋予了它们丰富的营养价值和独特的口感。这些杂粮不仅满足了人们日常饮食的需求，更为人们的健康提供了坚实的保障。

（二）口味风格与营养价值

寒地黑土地区的大米和杂粮以醇厚口感与馥郁香气，成为美食家的心头好。在营养层面，这些大米和杂粮富含膳食纤维、蛋白质、维生素、矿物质等多种成分，共同构筑起人体健康的屏障。膳食纤维有助于促进肠道蠕动，改善消化功能；蛋白质是构成人体细胞和组织的基本物质，对于增强体力和免疫力至关重要；维生素和矿物质则能够调节人体代谢，保持身体机能的正常运转。

寒地黑土地区特色主食的优越品质得益于其独特的生长环境和精细的加工工艺。寒地黑土含有丰富的有机质和矿物质，为作物生长提供了得天独厚的条件；精细的加工工艺则保留了食材的原汁原味，使得这些主食在口感和营养上都能达到最佳状态。

（三）主食中蕴含的寒地黑土地区文化

扎根于寒地黑土地区的人们，从未忘却饮食的根脉——他们继承了山东、山西等先民的烹饪技艺，利用优质的食材，用灵巧的双手创造出无数佳肴，将对生活的热忱糅进每一道主食。

主食是连接人与土地的情感纽带，它承载着童年攥着零花钱买早点的温馨记忆，凝聚着家人亲手制作时亲情的温度。尽管现今生活条件已大为改善，然而在寒地黑土地区人的主食文化中，各种粗粮依旧占据着不可替代的地位。特别是家中长辈，他们对这些健康、天然的食物怀有深厚的情感。每当家中熬制大碴子粥时，祖父母总是鼓励孩子们多吃几碗，强调其对健康的益处，并表示出门在外难以品尝到如此美味。每当提及或品尝到由寒地黑土地区所出产的粮食制成的主食时，对于当地人们和远在他乡的游子而言，均会感到无比自豪。这正是游子对故乡的深情眷恋以及对自身身份的坚定认同。

二、寒地黑土地区人的特色主食

（一）米饭

寒地黑土地区的大米因颗粒饱满、口感独特、营养丰富，深受当地人的喜爱。其独特的口感和风味，诠释着寒地黑土地区文化的魅力，成为地域文化的标识和象征。

一碗好的白米饭，应洁白晶莹、颗粒分明，远远就能闻到清新的米香，咀嚼时富有弹性且不粘牙，硬度适中无渣感，即便不配菜也能吃出米饭的香甜，让人满口生津、唇齿留香。寒地黑土地区的大米恰好具备这些优点，很多在外的游子最怀念的就是故乡的一碗白米饭。这里的米饭足够美味，无需配菜就能征服食客的味蕾。

黑土地沃野千里，五谷丰茂。人们煮饭时习惯掺进玉米碎、小米、黑米、糯米、红豆、芸豆等杂粮，杂粮饭经常出现在饭店和家庭的饭桌上，看上去色彩斑斓，既赏心悦目又满足味蕾。寒地黑土地区人喜欢把大米和小米一起煮，叫“二米饭”；也喜欢将大米、小米加些小豆煮的饭叫“龙虎斗”，“斗”是“豆”的谐音，大米和小米分别喻指龙和虎，所以叫“龙虎斗”。

另一种传统主食——“打饭包”，让白米饭有了新的吃法。饭包以优质的肉类、特色的酱料和东北大米为主要食材，大米米粒完整、口感软糯、气味香甜，再撒上现切的香菜、小葱等增添了饭包的风味。食客还可根据个人喜好添加土豆泥、煎蛋、香肠、黄瓜、花生米等，做成不同风味的饭包。包裹饭菜的白菜好吃有嚼劲，不易折断，能紧紧裹住食材。制作时，牛肉和香辣酱小火慢熬半小时，大米则通过特定的方法保持软糯的口感，即使在常温下也不变。饭包口感丰富，大米的黏度和软糯让其在常温下仍独具特色，各种食材又带来不同口感和风味，每一口都令人回味。

（二）黏豆包

黏豆包起源于山西，由闯关东的山西移民带入东北，在寒地黑土地区逐渐盛行，成为冬季餐桌上的必备美食。黏豆包的主要原料为黄米面、玉米面、红小豆、细砂糖和发酵粉。制作时，先将红豆、花生、紫米、黑米用清水浸泡一晚，煮熟后加白糖拌匀，再加入糯米粉揉成面团，分成小剂子后做成窝窝头的形状，最后裹上一层糯米粉。黏豆包口感甜糯，饱腹感强，能有效抵御严寒，因此人们常在冬季开始时制作，放入户外的缸中储存过冬。

（三）黄米切糕

在寒地黑土地区，黄米切糕是过节时的传统食品，象征着吉祥和幸福，寓意着新的一年生活、事业、学业、家庭等“步步高升”。黄米切糕的制作极具地域特色：将黏黄米磨成面，加酵母发酵后，与红豆、大枣在蒸锅中分层蒸制，制成黏性十足、米香浓郁的年糕。做好的黄米切糕香甜可口，层次分明，豆香与米香交织，深受当地人的喜爱。

（四）大碴粥

大碴粥以玉米为主要原料，将大颗玉米粒煮成粥，味道独特且具有养生保健价值，是餐桌上的常见食物。随着生活水平的提高，精米细面一度成为餐桌上的主流，大碴粥一度被冷落；近年来，随着健康饮食理念的兴起，大碴粥重新受到青睐，成为五谷杂粮中的养生佳品。

制作大碴粥时，添加糯玉米和紫花芸豆可增加粥的黏稠度，使其口感丰富；放少许小苏打能让粥更绵密黏糯，同时增加玉米的香气。熬制大碴粥时，需控制水量，以达到理想的黏稠度。

（五）烀苞米

烀苞米就是蒸玉米。秋天的寒地黑土到处都是丰收的味道，当季的黏苞米是最合适的主食。烀苞米是每个寒地黑土地区家庭的习惯，用鸡蛋液、辣椒碎和大酱蒸成鸡蛋焖子，啃一口烀好的黏苞米，就一勺鲜辣的鸡蛋焖子，再来上一锅东北特色铁锅炖，这个组合连吃三顿都不会腻。

（六）大饼子

过去的大饼子主要是用高粱面（秫米面）制作而成，现在大多用玉米面，常和铁锅炖一起吃。制作时，先把玉米面发酵，加入适量的碱，等锅里的水烧开就可以贴饼了。贴饼时用双手把面团拍成手掌大小，随着“啪”的一声，饼子就牢牢地贴在锅壁上。贴大饼子的时候，锅温不能太低，不然饼子容易滑到水里。贴完饼子盖上锅盖，继续往灶膛里添加柴火，直到饼子熟透。刚出锅的大饼子散发着浓浓的香气，吃起来又甜又软，尤其是底部那层酥脆的黄色糊嘎巴儿，更是醇香无比。通常在做大饼子的时候，会在锅底炖上肉类和蔬菜，这种做法被称为“一锅出”。

（七）玉米面菜团子

玉米面菜团子是具有地方特色的传统面食，主要用料有玉米面、豆面、小米面、肉馅、自选蔬菜，以及葱末、姜末、香油、味精、酱油等。一般500克的面团能做三个菜团子，搭配咸菜、腌菜或稀饭一起吃，风味尤佳。由于玉米面菜团子含有丰富的粗纤维，因此，它还具有清理肠道、促进消化等健康功效。

（八）玉米面发糕

玉米面发糕又称关东发糕，是寒地黑土地区历史悠久、流传广泛的民间美食。“发”寓意“发财”，“糕”与“高”谐音，发糕寄托着人们美好的心愿，每逢寿诞、乔迁、婚嫁、开业等场合，必定是餐桌上不可或缺的主食。蒸好的发糕孔细如针、色泽金黄、鲜香扑鼻、味道清甜、甜而不腻、糯而不黏。

制作时，精选籽粒饱满的玉米磨成面，筛出粗麸，将细面与白糖、蛋清、酵母和适量的白面混合，用温水调成糊状，放在温暖处发酵。玉米糊发酵后，用筷子按顺时针方向搅动，让面糊产生筋性，此时的面糊既筋道，又带着淡淡的酸香。烧一锅开水，放上蒸帘铺好屉布，将玉米糊均匀摊在屉布上，盖上锅盖，用大火蒸15分钟左右，一锅玉米面发糕就蒸好了。

（九）蒸玉米浆

寒地黑土地上生长的糯玉米颗粒饱满、色泽诱人，是制作玉米浆的上等原料。精选饱满的糯玉米，把玉米粒擦成泥，加适量的白糖、糯米粉搅拌均匀，玉米叶加小苏打煮沸后捞出备用，在玉米叶上放拌好的玉米糊，包成糖果形状，两头用玉米叶绑好，水开后蒸20分钟即熟。

咬一口蒸好的玉米浆，首先感受到的是软糯的口感，咀嚼时，一股浓郁纯正的玉米香扑面而来，香气纯粹质朴，没有人工香精的矫揉造作，让人感受到大自然的馈赠；同时，玉米浆带着淡淡的甜味，这是玉米生长过程中积累的天然糖分，甜而不腻，与玉米香相互交融，形成独特和谐的风味。

蒸玉米浆适用场景广泛：作为早餐，搭配牛奶或豆浆，营养美味，能开启活力满满的一天；忙碌的上午，它能提供充足能量；作为下午茶，可满足味蕾、缓解疲劳；晚餐想控制食量时，玉米浆饱腹感强、热量低，是不错的选择；家庭聚会时，它也能成为餐桌上的亮点，为大家带来美味的享受。

（十）韭菜盒子

在寒地黑土地区，韭菜盒子是备受青睐的传统美食，以韭菜、鸡蛋和面粉为主料制成。韭菜盒子的表皮金黄酥脆，咬开后韭香四溢，内馅鲜嫩多汁，口感层次丰富。韭菜富含多种营养成分，兼具清热消炎、助消化的功效；鸡蛋则是高蛋白、低脂肪的优质食材。韭菜盒子不仅美味可口，还是一道营养均衡、健康养生的小吃。

（十一）老式烧饼

烧饼作为大众化的烤烙面食，在中国衍生出了缙云烧饼、周村烧饼、黄山烧饼等100多个品种，各地在原料选择、制作工艺和风味上各具特色。据《续汉书》记载，东汉灵帝喜欢吃胡饼，京城贵族纷纷效仿，可见胡饼在汉代已颇为流行。“胡饼”之名或源于北方少数民族，其原料中的“胡麻”印证了与西域文化的渊源。到了唐代，烧饼制作技艺成熟，成为市井间最受欢迎的美食之一。

寒地黑土地区的老式烧饼口感独特，色泽金黄，选用纯东北大豆油，自带淡淡的黄豆香气，赋予了老式烧饼浓郁的寒地黑土风味。其中，最具代表性的是油盐烧饼，讲究温水和面，和好的面团柔软细腻，经一次发酵后，手工擀成面饼，均匀涂抹由低筋面粉、大豆油、花椒粉、盐等调配而成的油酥；再经手工揪剂、收口、二次擀制，刷油静置发酵后，送入烤箱烤制10分钟，出炉便是香酥可口的地道美味。

（十二）锅烙

锅烙是从水饺演变而来的，是寒地黑土地区的传统风味美食，以制作简便、营养均衡著称。锅烙的工艺与饺子相似：以肉馅、面皮为原料，包制后入油锅煎制，成品外皮酥脆金黄，内馅鲜嫩多汁，口感清爽不腻，兼具煎食的香气与水饺的醇厚。

（十三）冷面

冷面是以荞麦面或小麦面为主料的经典美食。20世纪50年代初，金奉元在鸡西开设了当地首家冷面店。冷面的口感以咸酸为主，兼具柔韧耐嚼、凉爽清淡的特点，汤汤水水的质地滑顺润喉，是夏日消暑的佳品。

冷面的制作工艺颇为讲究：首先，将牛肉加葱、姜、蒜、八角等煮熟晾凉，冷面用冷水浸泡1小时，黄瓜、西红柿、香菜等切好备用；其次，将辣椒油、芝麻、盐、味精、白糖、醋等调味料放入碗中，加冰水兑成汤汁；再次，泡好的冷面在沸水中烫1分钟，迅速过冷水冲洗至凉透；最后，将冷面捞出放入调好的汤汁，铺入黄瓜、西红柿、香菜、牛肉等配料即可享用。

第三章　寒地黑土地区特色小吃文化

第一节　小吃概览

小吃，又称小食，是区别于正餐的特色风味食品的统称。小吃多采用本地特有的食材制作，与区域的地理、气候、物产、历史、文化、经济、社会风貌等紧密相连，往往承载着悠久的历史和地域文化。独特的制作工艺彰显着地方风味与饮食习俗，成为游子思念故土的味觉符号。臭豆腐、酸辣粉、煎饼果子、肉夹馍……各地的风味小吃不仅是舌尖上的美味和地域文化的结晶，而且是历史的见证和多元地域文化交融的产物。

在广袤富饶的寒地黑土地区，小吃是体验地域韵味的关键钥匙。它们不仅是当地人日常生活的缩影，更在早市与夜市的烟火气中，勾勒出当地人鲜活的饮食图景：热气腾腾的油炸糕、金黄酥脆的油条、酱香浓郁的烤冷面……高性价比的美食既满足了本地人的日常味蕾，又成为吸引游客的味觉名片。人们在此放慢脚步，在地道风味中感受黑土地独有的闲适节奏。

作为寒地黑土地区文化展示的窗口，小吃摊洋溢着独特的人文气息：摊主们娴熟地料理着食材，用方言热情地招呼着顾客，淳朴的烟火气与食物的香气交织成独特的文化氛围，让每一个身处其中的人都能深深地被感染。这里还是重要的社交场所，人们不仅可以购买商品，还可以交流信息、分享生活。老人们围坐谈天，年轻人则忙着挑选自己心仪的商品，市井的温情在喧嚣中流淌，为繁忙的生活注入宁静与惬意。

如果有机会踏入寒地黑土地区，不妨走进当地早市、夜市的烟火深处，在摊点前驻足，尝一口地道小吃，听一段方言寒暄，在食物的香气与人际的温情中，感知这方水土的文化肌理。

第二节　油炸小吃

一、油炸糕

油炸糕在寒地黑土地区有着深厚的历史渊源，它的制作与食用习俗可追溯至清光绪年间，这道由刘万春创制的美食，因店铺紧邻天津耳朵眼胡同而得名“耳朵眼炸糕”，后逐渐流传至黑龙江、吉林、辽宁、内蒙古、山西、河北等地。作为承载美好寓意的传统小吃，油炸糕象征着“步步高升”“高福高寿”“蒸蒸日上”，不仅是舌尖上的美味，更寄托着人们对家庭团圆、生活美满、健康长寿的殷切期许。

油炸糕以“外酥里嫩”的口感闻名，以下是它的制作方法：

1. 和面醒面：将糯米粉加适量的水揉成光滑的面团，面团需保持微湿润状态以方便操作，覆盖保鲜膜静置半小时醒发。

2. 备制馅料：准备豆沙馅，装入碗中备用。

3. 包制生坯：将醒好的面团分割成约30克的小剂子，压扁成面饼后在中央填入豆沙馅，捏合边缘封口，再用掌心按压成扁圆形。

4. 油炸定型：油锅加热至180℃左右（油温过高易焦糊，过低则耗时过长），放入生坯炸至两面金黄，捞出控油后即可食用。

油炸糕制作的关键在于精准把控面团湿度与油温：面团过干易开裂，过湿则难以塑形；油温需稳定在适宜区间，才能成就外皮酥脆、内里软糯、香甜不腻的地道风味。

二、油条

油条是历史悠久的传统面食，其制作原理是借助酵母或碱等膨松剂促使面团发酵产生气孔，再经油炸使其膨松。油炸食品的起源可追溯至唐代以前，具体年代已无从考证，据北魏农学家贾思勰在《齐民要术》中记载：“细环饼，一名寒具，脆美。”唐代诗人刘禹锡有《寒具》诗云：“纤手搓成玉数寻（八尺为一寻），碧油煎出嫩黄深。”北宋时，寒具始名“馓子”，由此可见油炸食品在我国饮食文化中的深远传承。

在寒地黑土地区，油条被称为“大果子”，其外形比其他地区的更为硕大、饱满且富有弹性，色泽金黄透亮、光泽均匀。咬一口，酥脆的外皮包裹着柔软蓬松的内里，浓郁的麦香与恰到好处的咸香在口中交织，越嚼越有滋味。在当地经典的早餐搭配中，大果子常与豆浆或豆腐脑一同食用，成为深受当地人喜爱的晨间美味。

寒地黑土地区的油条制作工艺独具特色：将两根面团并排贴合后入锅炸制，初入油锅时面团干瘪，随后便如充气般迅速膨胀，变得饱满圆润。若单独炸制一根油条，则无法达到如此效果——两根面团贴合的部分不直接接触油脂，碳酸氢钠分解产生的二氧化碳得以在内部积聚，推动油条膨胀；而单根油条在二氧化碳充分释放前就会被高温定型，形态干瘪脆弱。这种“双根共炸”的智慧，使得油条在油锅中呈现出“相依相胀”的奇妙景象。

作为寒地黑土地区人们的传统早餐，油条早已融入日常生活，成为集体记忆的载体。那熟悉的香气常勾起人们对家乡、童年与亲情的回忆，也寄托着对美好生活的向往。街头巷尾的油条摊以低成本、高效率、经营灵活的特点，成为城市中一道充满烟火气的风景线。

三、老式大麻花

麻花与油条同源于古代“寒具”。1926年，鞍山市台安县的张兴德创制了“张麻花”，1948年迁至当地的大舞台剧场附近后，被称为“大舞台麻花”，之后逐渐成为东北特色美食的代表。

老式大麻花以高筋面粉、酵母、白糖、鸡蛋和食用油为原料：高筋面粉使大麻花更有嚼劲，酵母使其松软，白糖增添甜味与色泽，鸡蛋营养丰富，食用油则让麻花酥脆香浓。制作时，先将面粉、糖、盐、酵母等干料混合，加入鸡蛋和水搅成絮状，再加油揉成光滑面团；醒发后分剂搓条，以特定手法拧成麻花状，入油锅炸至金黄酥脆。优质大麻花外皮酥脆，内部面团因发酵工艺保持白色，不吸油脂，质地柔软，香气与口感俱佳。

四、炸丸子

炸丸子起源于清朝的宫廷菜肴，以鲜肉、虾仁、蘑菇等食材制成团，裹面包屑或芝麻炸至金黄，口感酥脆且寓意团圆美满。之后，炸丸子流传至民间，因寒地黑土地区的气候寒冷，高热量的炸丸子成为当地人保暖的饮食选择，并逐渐形成独具特色的饮食文化。

丸子主要分为肉丸子和素丸子：肉丸子讲究筋道，肉馅需经搅、拍、锤等工序，成品爽口弹牙；素丸子如豆腐丸子、胡萝卜丸子等，制作相对简易，口味清爽鲜香。

以下是干炸猪肉丸子的制作方法：

1. 选料处理：取猪前槽肉（前腿肉）剁成肉馅或打成肉泥，胡萝卜去皮切末，大葱切丝泡入半碗水中搓揉出味，浸泡十几分钟后取葱水备用。

2. 调馅搅拌：肉馅中加入胡萝卜末、姜末、鸡蛋、淀粉、面粉、鸡精、盐、十三香、料酒，淋入葱水（弃葱丝），搅拌至黏稠状。

3. 炸制成型：油锅烧至六成热，将馅料从虎口挤出，用勺子接入锅中，先炸至表面结硬皮，再改中小火翻动，炸至外皮金黄酥香、内部熟透后捞出沥油，即成酥香可口的干炸猪肉丸子。

五、炸麻团

炸麻团是寒地黑土地区的传统特色小吃，用糯米粉团包豆沙馅炸制，表面裹满芝麻而成。如今，麻团在传统口味的基础上衍生出巧克力、芒果等创新口味，成为兼具传统与时尚的多元美食。

在制作时，首先应按标准称量糯米粉、膨松剂、白糖和清水，将糖溶于水后与糯米粉混合，和成中等软硬的光滑面团；其次，面团醒发后搓条分剂，将面剂捏成中间厚边缘薄的圆饼，包入豆沙馅后捏紧团圆，裹上白芝麻压实；最后，将麻团放入油锅炸制，炸好的麻团外观圆润金黄，内部空心不塌陷，口感酥脆香甜。

近年来，麻团文化催生出仿麻团造型的钥匙扣、手机挂件等衍生品，部分城市还举办麻团节，吸引游客感受这道小吃的魅力。

六、酥皮炸鸡、炸鸡架

作为寒地黑土地区的传统风味小吃，酥皮炸鸡需用十余种香料腌制，表皮刷特制浆料后油炸，成品色泽金黄、外皮酥脆、鸡肉鲜嫩多汁。酥皮炸鸡最佳的上浆涂料配方是：面粉与淀粉的比例为2：1、泡打粉占干粉比为1.0%、料汁和水的比例为12：17。酥皮炸鸡的最佳加工工艺是：料汁和水的比例为1：25、腌制3小时、160℃油炸16分钟。按此工艺制作的酥皮炸鸡，外酥里嫩，香气浓郁。

在寒地黑土地区，炸鸡架与酥皮炸鸡同为当地特色。在制作炸鸡架时，鸡架先用调味料腌制，炸制后可涂抹咸香或甜香的酱料（部分食客会先裹面粉增脆），因预先腌制，无需额外调味。炸制后的鸡架面皮酥脆，肉质与香料香气在口中融合，骨头酥软可嚼，咬合时发出清脆声响，余香悠长。

无论是家庭聚餐、情侣简餐，还是朋友聚会，人们常点炸鸡架搭配面食或麻辣烫，在烟火气中享受用餐时光；也有人打包回家，配酒小酌，在啃食中消解疲惫。

对非本地人而言，鸡架“骨多肉少”，或许难以理解其食用价值，但当地人更享受啃食鸡架的乐趣——通过慢嚼细品，在骨缝间感受生活的深层滋味。

七、炸串

在寒地黑土地区的街角巷尾，总有一家炸串店藏着当地人的集体记忆。尤其是学校门口的那一家小摊，承载着无数人的童年滋味——放学铃声一响，攥着零花钱的孩子们便蜂拥而至，只为咬上一口刚出锅、刷满辣酱、撒着干料的热乎炸串。

寒地黑土地区的炸串堪称“万物皆可入锅”。炸蘑菇是必选的经典串品，选用熟蘑菇提前腌制裹糊，咬开的瞬间汁水四溢，软糯的口感中带着嚼劲；炸藕盒夹着薄肉片，软嫩多汁，趁热吃才不负鲜香；鸡肉棒裹着厚面糊，金黄酥脆的外壳包裹着鲜嫩鸡肉；软弹的炸鸡蛋是孩子们的心头好；裹满甜辣酱的炸圆白菜酸甜开胃；炸豆腐皮卷香菜，炸至脱水的豆皮酥脆十足；豆腐皮包裹金针菇炸制后，菌菇的鲜甜更被激发得淋漓尽致……

寒地黑土地区的炸串以风味浓郁著称。当地人使用孜然、辣椒等香辛料毫不吝啬，使得炸串香气霸道、辣味酣畅，一口便能填满味蕾。食材中的肉类占比颇高，羊肉串、牛肉串等比较常见。在炸制时，需讲究火候与时长，或采用二次复炸的手法，让串品的外皮更酥脆、焦香，内里则保留嚼劲。在猛火快炸之下，串品常呈现诱人的深褐色，焦香与肉香交织，令人欲罢不能。

对于当地人而言，炸串不仅是舌尖上的美味，更是情感联结的纽带。街头巷尾的炸串摊，总聚着三五好友，大家围坐在一起，一边分享刚出锅的炸串，一边唠着生活琐事。在滋滋作响的油锅里，升腾的不只是食物的香气，更是乐观豁达的生活态度——无论生活有多少烦恼，一顿热辣的炸串下肚，便能重拾面对生活的勇气与热情。

第三节　面食小吃

尽管米饭是寒地黑土地区人们餐桌上的主食，但面食仍在当地人的饮食中占据重要的地位。寒地黑土地区的面食种类丰富，有白面、玉米面、大黄米面、大米面、江米面等。这些面食大致可分为两大类别：一是先民创制的传统面食；二是由其他地区引入的面食。现今，许多面食如馒头、花卷等，都是以山东地区的制作方法为基础，经过适度的改良而成的。这些面食不仅美味可口、营养丰富，还反映了寒地黑土地区独特的地理和文化特点，是当地饮食文化的重要组成部分。

一、大列巴

大列巴是以小麦粉、啤酒花和食盐为主要原料制作的面包。“列巴”是俄语面包的音译，“大”则源于其庞大的尺寸，一个大列巴的体积甚至超过普通的餐盘。百余年前，大列巴传入中国，秋林洋行哈尔滨分行开设面包坊后，大列巴开始逐渐普及。

大列巴的美味源于严苛的原料选择，即必须选用优质高筋小麦粉，以保证面包的咀嚼感；酒花是关键原料，不仅能培养出带有独特天然发酵香气的酵母，还能延长面包的保质期。大列巴制作工艺同样精湛，面团需经过三次发酵，充分膨胀以唤醒麦香，并赋予微妙的酒香；烘烤时需选用椴木、柞木等硬杂木，高温下木香逐渐渗透至面包内部，形成独特的风味。

烘焙完成的大列巴呈圆形，重量可达2.5千克，堪称“面包中的佼佼者”。大列巴外皮焦脆，内部质地松软，散发着麦香、酒香与木香的复合香气，略带微酸，是适合各年龄段人群的便捷食品。在营养价值方面，大列巴热量低，糖、盐和油脂含量少，且富含膳食纤维，有助于促进人体的新陈代谢，对健康十分有益。

承载着百年历史的大列巴，宛如一位饱经沧桑的老友，默默诉说着过往的岁月。无论是作为早晨的快速简餐、闲暇午后的味蕾享受，还是赠予亲朋好友的礼物，大列巴都能完美胜任。

二、烤冷面

烤冷面起源于黑龙江省密山市。1996年前后，密山市第二中学门口的老盖师傅首创了将冷面刷烤肉作料、串起炭火烤制的吃法。这一创新吃法随后传遍黑龙江，衍生出铁板烤制的新形式，并在调味料与食材搭配上不断创新。如今，烤冷面凭借亲民的价格、充足的分量和极高的性价比，成为各阶层消费者青睐的美食。近年来，随着各大视频平台上美食博主的推广，更让烤冷面的知名度飙升，吸引了众多外地游客前来品尝。

烤冷面以优质面粉为原料，富含蛋白质与碳水化合物，烤制过程中保留了部分营养成分，同时搭配蔬菜、肉类等食材，构成营养均衡的餐食。烤冷面的制作成本低廉，所用冷面从普通款升级为薄软的特制冷面，可直接烤制。烤冷面的做法与配料丰富多样，从基础的葱花、香菜、洋葱调味，到夹肉馅、香肠、鸡蛋等食材，经高温快烤后，外皮金黄酥脆，内里软糯筋道，再辅以辣椒酱、芝麻酱、葱花、香菜等调料，口感丰富，层次分明，令人回味无穷。从街头小吃到国民美食，烤冷面如今已成为中国小吃文化中不可或缺的存在。

三、老式糕点

在寒地黑土地区，但凡掌握传统糕点手艺的老铺，无论寒暑皆门庭若市。尽管如今蛋糕样式层出不穷，但在当地人心中，老式糕点的味道始终无可替代，一口下去，便能勾起童年无忧无虑的回忆，那份质朴的甜，是刻进味蕾的眷恋。相较于南方茶肆的精致小点，寒地黑土地区的糕点更显实在。

1. 槽子糕：因用槽子模具制作而得名，外表金黄，撒满白芝麻，以鸡蛋、面粉、蜂蜜、白糖为原料，口感松软绵密且富有弹性，甜度恰到好处。

2. 光头饼：充满年代感的传统糕点，松松软软的口感深受大众喜爱，是跨越时光的味觉记忆。

3. 老炉果：街边常见的怀旧点心，以鸡蛋、面粉为主料，小巧四方，表面覆着去皮芝麻，金黄酥脆，一口一个，香甜到融化，咬下去全是童年的快乐。

4. 桃酥：光听名字就暖意十足，表面自然裂纹如岁月刻痕，外皮酥脆一碰即碎，甜度适中不硌牙，尤其适合老人与孩童。

5. 长白糕：白白长长的外形恰如其名，表面点缀着细小的冰糖颗粒，吃起来酥香松软，入口即化，余味悠长，是许多人钟爱的经典。

6. 老式绿豆糕：口感紧实，散发着清新的绿豆香，甜度适中不腻人，用温开水浸泡食用更是别有一番风味。

7. 江米条：金黄酥脆的外表下藏着软糯甜香的内里，需经多道工序方能成就这外脆里软的独特口感，每一口都是手艺的沉淀。

四、油茶面

在寒地黑土地区，油茶面曾是兼具便携性与高能量的主要食物。取名油茶面，源于其独特的工艺。制作油茶面需用大量食用油炒制面粉，再用热水冲调成茶汤般的浓稠状，佐以芝麻、果脯、白砂糖，以及花生、榛子、松子等坚果，口感丰富层次分明，尽显劳动人民用简单食材创造美味的智慧。

随着人们口味的多元化，油茶面也在不断创新。油茶面的生产商在传统配方中加入红枣、桂圆、红糖等新食材，让这道传统美食的营养价值与口感更上一层楼。

油茶面呈浅褐色或金黄色，质地细腻。冲泡后形成的面糊如浓稠茶汤，表面油光诱人，入口柔滑温润，炒面的焦香、油脂的醇香与麦香交织，余味绵长且层次丰富。

油茶面是寒地黑土地区人们时光里的温暖印记，刻在代代人的记忆中。晨曦初现时，一碗热腾腾的油茶面开启新的一天，浓郁的香气唤醒沉睡的身心，让人充满活力迎接挑战——这碗油茶面，盛着烟火气里的踏实与希望。

第四节　汤水小吃

寒地黑土地区的汤水小吃与当地人的生活方式、文化传统深深交织。尤其在凛冽寒冬，一碗热气腾腾的汤水小吃不仅能驱散寒意，更成为当地人生活中不可或缺的温暖慰藉。

一、豆浆

豆浆是由黄豆经浸泡、磨碎、过滤、煮沸等工序后制成，其历史可追溯至西汉时期。

相传淮南王刘安为治愈母亲的疾病，每日用泡发的黄豆磨制豆浆，母亲饮后病愈，豆浆便在民间流传开来。如今，豆浆不仅是中国传统饮食的重要组成部分，更与油条、包子、馒头等搭配，构成极具特色的中式早餐文化。

豆浆的品质取决于黄豆的优劣。寒地黑土地区有广袤、肥沃的田野，产出的非转基因大豆颗颗饱满金黄、大小均匀，以浓郁豆香和优良口感成为制作豆制品的上乘之选。

源自黑土地的老式现磨豆浆堪称日常饮品中的珍品。用传统石磨研磨的豆浆，煮开时散发着浓郁的豆香，表面凝结着闪亮的油皮。在热气氤氲中，醇厚的豆香如田野微风拂过鼻尖，入口顺滑绵长，搭配早点摊刚出锅的大果子、油炸麻花或一碟小咸菜，在清晨时光里捧起的不仅是一杯豆浆，更是人间烟火的温暖——那黄豆的醇香唤醒味蕾，也为新的一天注入满满的元气，让人们在滋养身心的同时，迎接每个充满希望的晨光。

二、麻辣烫

麻辣烫起源于四川乐山五通桥区的牛华镇，最初是川江流域船工与纤夫的简易饮食。因川江水流湍急，纤夫们在拉纤间隙，于江边垒石支罐，拾柴煮水，就地取材煮菜，加入海椒、花椒等调料后涮食，既能充饥又能驱寒、祛湿。这种吃法在江边迅速流传，后被码头小贩改良——将菜品与炉具装入挑担，走街串巷叫卖，吸引了众多劳动者。如今，这道江边美食已从川渝地区走向了全国。

寒地黑土地区的人们对四川麻辣烫进行了颠覆性的改良。四川原版麻辣烫重麻重辣，改良后的麻辣烫以大骨汤为底，弱化汤底的辛辣感，将麻辣口味转为可选小料，用当地特色麻酱替代红油。麻辣烫的制作方法从涮烫改为用大锅骨汤统一煮熟分份，主食替换为当地人喜欢的方便面、蕨根粉、粗粮粉等。寒地黑土地区改良后的麻辣烫火遍全国，杨国福、张亮等人创立的连锁品牌占据了市场主流，甚至许多加盟店主也多来自寒地黑土地区，堪称“四川发明、东北发扬”的饮食奇迹。

寒地黑土地区的麻辣烫以“吸汁儿”为核心，食材在汤底中浸透黏糊的浆液，赋予整碗麻辣烫香醇的口感。芝麻酱是麻辣烫的关键，需精准把控用量，多则腻、少则寡，再搭配几勺白糖提味，辅以四川辣椒油，便可拥有层次丰富的味觉体验。寒冬食用麻辣烫可驱寒、补充能量，搭配冷饮或啤酒可中和辣味，佐以炸鸡、炸串等小吃，便构成独具特色的饮食组合。

在寒地黑土地区，麻辣烫常藏身于学校门口的塑料棚、商场地下室等场所，环境简陋却透着市井温情。如今，麻辣烫不仅带动了当地经济的发展，更通过跨地域传播让这道寒地黑土地区的美食被广泛认知——从江边瓦罐到全国餐桌，麻辣烫的演变史，正是饮食文化融合创新的生动范本。

三、豆腐脑

北周武帝天和二年，江阳县（今泸州市）的金川驿地区（今富顺县）因盐设县时，这里的盐产量已居剑南道（今四川东部及重庆部分地区）之首。随着盐业工人、客商的增多，水陆交通的便利，豆腐食品的需求量大增。在一次偶然中，急于用餐的客人发现未完全凝固的嫩豆腐蘸盐水食用，竟比煎炒的老豆腐更鲜美，就这样一传十、十传百，这一吃法便在民间流传开来。抗日战争时期，富顺县城东门豆花店老板刘锡禄博采众长，改良出一套秘方，制作的豆花色白如玉、绵而不老、嫩而不溏、口感细腻，连窖水都清甜可口。从此豆花便成为国人餐桌上的经典美食，制作方法也逐渐多样化，豆腐脑作为其中一种，开始在民间流行。

随着山东、河北移民涌入寒地黑土地区，他们将家乡的饮食习惯带入这片土地。由于寒地黑土地区的冬季漫长、严寒，人们需要高热量、高营养的食物御寒，而豆腐脑口感鲜美、营养丰富，恰好满足人们的需求，逐渐成为当地人冬季餐桌上的常用食物。

寒地黑土地区豆腐脑的制作看似简单，实则暗藏玄机。首先，严选黄豆并清洗去杂，清水浸泡8小时以上至充分膨胀；其次，将黄豆放入磨盘中，加水磨浆，控制转速与水量保证品质，过滤豆渣得纯净豆浆；再次，待豆浆煮沸后小火慢熬杀菌，冷却至适宜温度；最后，加入石膏或卤水等凝固剂，轻轻搅拌后倒入模具，最终形成细腻嫩滑的豆腐脑。

不同于华北地区浇浓厚木耳口蘑卤汁的做法，寒地黑土地区的豆腐脑更重本味：清晨街头，一碗雪白的豆腐脑淋上淡褐色清酱汁，撒香菜、滴辣椒油，搭配包子、大果子或烧饼——主食的麦香与豆腐脑的滑嫩交织，咸鲜中带一丝辣意，瞬间唤醒冬日清晨的味蕾。

为何寒地黑土地区的人们独爱咸口？因为在当地零下几十度的寒冬里，咸鲜风味更能刺激人们的食欲、补充能量。寒地黑土地区的饮食偏咸鲜、重火候（炖、煮、烤、炸为主），豆腐脑的口味恰好契合本地人的饮食习惯。一碗热乎的咸豆腐脑配葱油饼，已成为刻在当地人记忆里的温暖滋味。

四、克东腐乳

克东腐乳以悠久的历史与独特的风味闻名遐迩，它的质地细腻、馥郁醇香令人垂涎，而独一无二的生产工艺更是堪称饮食文化的活化石。

克东县自古盛产东北大豆，这里的大豆曾作为宫廷贡品，颗粒饱满、蛋白质丰富。克东腐乳选用本地无污染的优质大豆，依托独特的自然发酵工艺——通过“微球菌”酿造，使豆腐坯表面形成一层薄而不露的绒绒金黄色菌衣,这种具有极强分解蛋白质能力的菌衣，是克东腐乳独有的标志。

700多年前，克东至黑河一带的火山爆发造就了特殊的水源环境。如今克东腐乳取用的井水来自300米以下的地下岩层，经岩石缝隙过滤的泉水清澈透明，富含锶、锂、锌、碘、硒等罕见微量元素，为腐乳赋予了不可复制的矿物风味。

克东腐乳的生产工艺匠心独具，它的调制配方也十分神奇。虽然现今的调味中草药配方调整到了十三味，但人们每每问起第一任老厂长闫喜春和特技工程师吕正库有关腐乳秘方的来处时，他们总是笑言称：“根源宝方属宫廷之传。”

二克山下的克东县城，因“微黄球菌”自然发酵工艺的百年延续，空气中常年弥漫着腐乳的芳香。经科研检测，腐乳厂区上空笼罩着近百种“微球菌”组成的独特菌群，直接决定了克东腐乳的风味基因——此前大连、呼兰等多地曾仿制，却因缺乏这片土地的菌群生态，制作出来的腐乳始终是“形似味异”。

优质大豆的醇厚、火山矿泉水的清冽、复杂工艺的沉淀、宫廷配方的精妙，加之独有的微球菌群落，共同造就了克东腐乳色鲜味美、柔软细腻、清新爽口的特质。每一口腐乳，都凝结着当地人对寒地黑土自然的敬畏、对百年工艺的传承，以及对传统饮食文化的致敬。

第五节 休闲小吃

一、烤地瓜

烤地瓜，又称烤红薯、烤返蜜薯，以甘甜软糯的返蜜地瓜为原料，经炭火烤制后香气四溢，是寒地黑土地区的街头最诱人的冬日美味。寒冬时节，气温零下几十度，裹得严严实实的行人走在街上，远远便能被那一声声“地瓜热乎哎”的吆喝勾住脚步，红皮黄瓤的烤地瓜在铁皮桶里泛着油光，光是想象那热乎绵软的口感，就足以让人心动。年轻姑娘和孩童尤其偏爱这口甜蜜，不少人还会特意买上几块，带回家给不便出门的长辈们。

买烤地瓜时，总有人冲着摊主喊：“大爷，给我挑个冒油儿的!”大爷便会利落地从大铁皮桶里翻出几块，供客人挑选。圆润饱满的大块头、细长苗条的“瘦高个”，个个油亮焦香，令人难以抉择。即便如今家用烤箱普及，寒地黑土的人们仍更钟情于街头的烤地瓜——因为只有在风雪中捧着烫手的地瓜，在两手间快速倒腾着取暖，剥开外皮，看着流油的黄瓤腾起的热气，狠狠咬下一大口，才能让香甜从舌尖一直暖到心底。

传统的烤地瓜炉几乎都是用圆柱形汽油桶改制而成的。顶部开圆口配盖子，炉膛内设两层箅子，下层烤生地瓜，下层与上层中间留出空间对烤好的地瓜进行保温。炉体下方是煤炉结构，有些采用分体设计，先点燃煤炉再架上笼屉。地瓜本就糖分充足，洗净直接烤制即可，无需去皮切块，也不用额外添加调味料，撕开焦香的外皮就能大快朵颐。

寒冬街头，那一缕缕烤地瓜的甜香，不仅驱散了刺骨的寒意，更承载着黑土地的烟火温情。每一块热气腾腾的烤地瓜，都是冬日里最朴实的幸福，温暖着行人的胃，也熨帖着岁月里的记忆。

二、烤玉米

在寒地黑土地区的街头巷尾，随处可见的烤玉米散发着难以抗拒的香气。烤玉米需选用当季头茬黄玉米，颗颗玉米新鲜饱满、汁液充盈。烤玉米的炉具是特制的——最地道的做法是带着外层叶子干烤，如同昔日乡村里直接将带皮穗的玉米投入炉灶烘烤的老法子。当玉米在炭火中熟透，浓郁的焦香混着谷物的甜气瞬间漫开，连怕烫的小孩都忍不住争着吃。有的用铁钎子穿起来举着吃，没工具的就裹几层叶子捧着吃，或用筷子插着吃。

吃的时候，先吹掉玉米表面的灰，再小心翼翼从玉米尾部开始，逐粒揪下烫嘴的金黄颗粒。此时玉米的外皮烤得酥脆，内里却香甜黏糯，咬下去时，玉米粒在齿间爆开，清甜的浆汁裹着柔嫩的芯，黏糯的口感在舌尖层层散开。这股子香甜是黑土地最慷慨的馈赠，每一口都嚼得出阳光雨露的滋养，也嚼得出寒地人对土地的深情。

无论是举着烤玉米在雪地跑跳的孩童，还是裹着棉袄蹲在炉边吃着玉米的老人，烤玉米早已刻进寒地黑土人的记忆年轮。那捧在手心的温热与甜糯，使烤玉米不仅是颇受欢迎的街头小吃，更是让游客魂牵梦绕的地域味觉密码。

三、炒货

炒货的起源可追溯至古代丝绸之路时期，彼时的商队与旅行者发现坚果、干果便于保存和携带。通过加热翻炒既能去除食材中的水分，延长食材的保质期，又能赋予食材独特的香气和口感。

寒地黑土地区广袤的森林孕育了丰富的炒货原料——榛子、松子、瓜子、花生等，这里气候温润、土壤肥沃，堪称坚果类植物的天堂。当地的榛子、松子等坚果富含蛋白质、脂肪、维生素及矿物质，既天然营养，又口感独特，因此深受当地人的喜爱。寒冬时节，白雪覆盖着大地，这些饱满的坚果如春日的使者，为人们带来生机与能量。

炒货的制作看似简单，却蕴藏着匠人深厚的功力。在挑选原料时，需挑拣无虫、无杂质的优质种子（如葵花籽、花生等），清洗晾干后去除多余的水分。炒制时需用中小火，不断翻动确保原料受热均匀。低温长时间的炒制既能让原料更酥脆，又能锁住营养。炒制后，可按原料的品种加入盐、糖、辣椒粉等调料，再经烘干去除残余水分，酥脆耐储的炒货便制作完成。

在寒地黑土地区，炒货不仅是人们喜爱的零食，而且承载着人们对家乡的热爱和对美好生活的追求。在漫长的冬季里，高热量的坚果是补充人体能量的理想选择。当与绿茶、红茶或花茶搭配时，坚果炒货的咸香酥脆与清冽的茶汤形成绝妙互补。在家庭聚会或是节日庆典中，一盘炒货既可满足人们的口腹之欢，还是人们情感交流的媒介——中秋的瓜子、春节的花生，承载着团圆的暖意；作为礼品，炒货因方便携带且寓意吉祥，更是成为传递心意的优选。

四、冰糖葫芦

在寒地黑土地区凛冽的冬日里，冰糖葫芦是颇受人们喜爱的街头美食。圆润的果串披着晶莹的糖衣，在阳光下折射出琥珀般的光泽，咬下去的瞬间，糖壳清脆碎裂，酸甜的果肉在舌尖绽开——这口滋味里，弥漫的是与亲朋好友共同逛街或漫步时的美好回忆与幸福感受。

宋朝时期就已出现糖葫芦的雏形。在寒地黑土地区，糖葫芦的历史同样悠久。由于当地寒冷的气候，水果不易保存，聪明的当地人便将鲜果制成冰糖葫芦，既能延长保质期，又创造出独特的风味。岁月流转，这抹酸甜始终萦绕在黑土地冬日的街头。

最地道的当属山楂冰糖葫芦，果酸与糖脆激烈碰撞，那是刻进味蕾的童年记忆。在寒地黑土地区，冰糖葫芦的创意没有边界——辣条、猪蹄、鸡爪、大葱、尖椒、黄瓜等皆可穿串蘸糖，既满足了人们多元的需求，又增添了食用冰糖葫芦的趣味性和新奇感。

制作冰糖葫芦看似简单，实则是对火候的极致考验。制作冰糖葫芦需挑拣新鲜的水果，洗净去核后穿成串，大小均匀是品相优良的基础。制作冰糖葫芦的关键在于熬制糖浆——火候过了，糖壳过硬易磕牙；火候不足，糖浆稀薄无法凝固。经验丰富的师傅能精准把控火候，让糖浆在浸入果串后迅速凝结成透亮的硬壳，咬下时发出清脆的声响。

冰糖葫芦的原料皆产自寒地黑土地区的农田，每一串都凝结着农民耕耘的智慧。冬季街头的冰糖葫芦摊是流动的风景，小贩的吆喝声、糖壳的脆裂声、孩童的欢笑声相互交织，构成了独特的生活画卷。在节日庆典时，冰糖葫芦不仅是人们解腻的小零食，更是拉近人心的媒介——长辈用竹签串起的是对晚辈的疼爱；朋友互相投喂的是无需多言的关切。

当寒风吹过黑土地的街巷，那串裹着糖霜的冰糖葫芦，早已超越食物本身。它是自然与人文的结晶，是传统与创新的碰撞，更是刻在黑土地记忆里的甜蜜文化符码——每一口酸甜，都在诉说着这片土地的热烈与温情。

五、冻梨、冻柿子

在寒地黑土地区的冬日食谱里，冻梨与冻柿子是当地人刻进骨髓的味觉记忆。原本莹白的梨子经过严寒的淬炼，蜕变成黑黢黢的冻梨，在冷水里浸泡后结出冰壳，咬开时冰碴与软糯果肉在齿间碰撞，清甜汁水裹着冬的凛冽在口中迸发；冻柿子则只需轻轻撕开薄皮，绵密如冰沙的果肉便在舌尖化开，甜意顺着喉管漫进心底，将整个寒冬的清冽与甘甜都凝在这一口里。

冻梨的渊源可追溯至数百年前，漫长的寒冬让新鲜水果难以保存，聪明的农民便摸索出冷冻储藏的方法。历经岁月的打磨，这道食物不仅实现了反季节食用，更衍生出独特的风味。在冷冻过程中，梨子水分凝结成冰晶，果肉愈发紧实多汁，同时兼具清热解暑、润肺止咳的功效，对冬季干燥引起的咳嗽颇有助益。冻梨中丰富的维生素C、钾、镁等营养元素，更让它成为当地人冬日的天然保健品。

冻柿子的起源与冻梨异曲同工，同样是当地人为抵御严寒而诞生的保存智慧。冻柿子的果肉饱满多汁，甜香里透着独特的清冽，除了富含各种维生素和钾、钙、镁等各类矿物质，还兼具清热解毒、润肺止咳的药用价值，是食疗与美味兼具的冬日佳品。

冻梨和冻柿子的制作工艺看似简单，却需要精细的操作和严格的控制。首先，需要挑拣新鲜成熟的梨子，洗净去核后切块或切片；其次，将果块放入容器加水浸没，置于冰箱冷冻室低温保存，直至完全冻结；最后，温控是关键，温度过高会导致水果的水分蒸发，温度过低则易冻伤果肉，唯有精准控温，才能成就冰壳脆、果肉糯的完美口感。

每年的11月至次年2月是享用冻梨、冻柿子的最佳时节。寒夜里，人们围坐在暖炉旁，将冻果放入冷水中“缓冻”，看冰壳剥落时水汽氤氲；或待其表面微融后直接啃食，冰爽中带着硬度的咀嚼感别具风味；亦可用温水化冻，让柿子变得柔软多汁，甜度更甚。在节庆时，冻梨和冻柿子既是走亲访友的特色伴手礼，也是家人围坐分享的冬日甜蜜——那一口冰凉里裹着的是寒地黑土地区的人们对严寒的从容，对生活的热望。

六、水果罐头

罐头的诞生可追溯至19世纪初，当时因食品保鲜技术有限，新鲜水果在运输储存中易腐坏，人们便尝试通过高温杀菌与密封罐装延长保质期。随着工业技术的进步，水果罐头逐渐成为风靡全球的休闲食品，而在寒地黑土地区，它更与当地的农业深度绑定——这里盛产的苹果、梨、桃等优质水果，为罐头制作提供了优质的原料，加上适宜的气候与资源条件，让水果罐头在该地区快速普及，其中糖水罐头最受人们的青睐，果肉裹着清甜的汤汁，口感醇厚，是刻进黑土人味蕾的经典味道。

寒地黑土地区的人们不仅喜欢购买成品罐头，更热衷自制罐头。冬日市集上买回结着薄霜的冻黄桃、冻草莓，洗干净后放入锅中，常温清水浸泡至果肉舒展变软，撒入白砂糖后用炉火慢熬。随着火苗跳跃，果肉在锅中轻轻翻滚，直至变得柔韧有弹性，汤汁浓稠如蜜，趁热装入消毒后的玻璃瓶进行密封——这罐亲手制作的水果罐头，封存的不仅是果香，还有黑土冬日的烟火温度。什锦水果罐头因块小料多、清爽解腻，常作为寒地黑土地区宴席的菜品登场；节庆时，它更是走亲访友的体面伴手礼，承载着分享的温情。

很多人长大后回忆，小时候感冒发烧时，父母便会用勺子从玻璃罐中舀出金黄的桃肉，甜糯的口感与糖水的暖意，成为对抗病痛的“心理灵药”。因此，生病需食黄桃罐头便成为许多寒地黑土地区人们固有的观念。实际上，这一现象是源于那个物资匮乏的年代，秋冬新鲜果蔬稀缺，黄桃罐头既是给“小病号”的营养补充，也是探望病人的必备礼品。人们常将罐头装进网兜，挂在自行车把上，网兜里晃动的玻璃罐，叮当作响间全是亲人的牵挂与祝福。

随着孩子们逐渐长大，远离家乡的游子们在外地的超市货架上看到黄桃罐头，总会想起儿时生病被喂罐头的场景。那些琥珀色的果肉与浓稠汤汁里，封存的不仅是味觉记忆，更是被父母呵护的温馨时光，让病痛都染上了甜蜜的滤镜。

如今，水果罐头早已超越食物本身，它是寒地黑土地区的人们应对严寒的生存智慧，是物资匮乏年代的甜蜜慰藉，更是刻在地域文化里的情感符码——当玻璃罐被打开的瞬间，涌出的不仅是果香，还有一代人关于温暖与被爱的集体记忆。

七、糖瓜

“糖瓜祭灶，新年来到”——这句歌谣里藏着寒地黑土地区最醇厚的年味。作为小年的专属甜品，糖瓜（即灶糖）在腊月二十三这天扮演着重要的角色。相传灶王爷是玉皇大帝派往人间监督善恶之神，每年的腊月二十三需要回天庭述职，于是家家户户摆上灶糖，祈盼灶王爷“上天言好事，下地保平安”。糖瓜仿佛冬日里跃动的精灵，为古老的祭灶习俗增添了一层甜蜜的期盼。

灶糖的制作工序十分复杂，从熬糖、起锅到揉糖、拔糖，每道工序都需要精工细作。在寒地黑土地区，灶糖是真正的节令食品，它只在小年前后现身街巷。商贩挑着担子叫卖各式各样的灶糖，带芝麻的、不带芝麻的，可以论斤称或论个卖。灶糖从最初的长方形乳白色糖块，到如今花样百出的造型，唯有酥香黏甜的滋味百年未改，每一口都漾着乡愁的甜。

八、雪糕

寒地黑土地区地处北纬47度的黄金奶源带，这里的雪糕奶香浓郁、口感上乘。数十年前，在国企的改革浪潮中，不少职工转型投身于雪糕行业，从小贩到经销商，最终创立了众多本土的雪糕品牌。怀旧款“夏冰雹”以酸甜的菠萝粒与草莓碎冰的碰撞，带来直冲头顶的清凉；奥雪、德华、中街大果、马迭尔、东北大板等，更是成为雪糕界的佼佼者。

寒地黑土地区的人们对雪糕的热爱贯穿四季。寒冬时节，在温暖的室内吃完火锅、烧烤后，来支雪糕可以解腻、降温，是冰火交织的双重享受；盛夏时节，雪糕更是驱散燥热的刚需品。在寒地黑土地区，雪糕是“四季口粮”——在冰天雪地里，露天摊位上的雪糕与白雪相映成趣，寒冷的户外成了最好的保鲜库。低温让雪糕的包装袋带点脆感，撕开时凉意扑面，入口却非生冷刺激，而是清冽舒爽。当地人买雪糕从不论“根”买，而是整箱搬、麻袋扛，他们认为这才是对雪糕的尊重。

第四章　寒地黑土地区特色饮馔文化

第一节　酒

一、寒地黑土地区制酒历史

2012年，经吉林大学考古专家研究确认，吉林省大安市一处古代遗址系辽金时期白酒酿造作坊遗址。中国辽金时期考古专家冯恩学表示，此次发现的酿酒遗存，可把我国的白酒起源历史向前推进约200年，追溯至辽金时期。

黑龙江省哈尔滨市阿城区玉泉街道曾有一个颇具特色的名称——“二层甸子”，该名称源于女真人发现蒸馏酒汽分为上下两层的自然现象。自金代起，二层甸子的酒作坊酿造便连绵不断，酿酒技术从传统的温水法演进为蒸馏法，玉泉街道因此被视作蒸馏酒的重要发祥地之一。当时的酿酒设备简陋，仅需锅灶、桶、缸即可操作，依托寒地黑土地区肥沃的土壤和丰产的粮食，烧锅酒成为农家自酿自饮的主要饮品，若有余量则出售。制酒的关键在于酒曲，由此催生出专门踩曲、制曲的踩曲团和曲坊。踩曲团一般有40人到50人，由12岁至13岁的少年组成。除了农历十一月至二月不适于制曲外，其他月份踩曲团都会在各地巡回踩曲。

鉴于烧锅耗粮严重，康熙曾下旨禁止山海关外蒸馏烧酒，“近闻山海关外盛京等处，至今无雨，尚未播种，万一不收，转运维艰，朕心深为忧虑，且闻彼处蒸造烧酒、偷采人参之人，将米粮糜费颇多，着户部左侍郎赛弼汉前往奉天，会同将军、副都统、侍郎等，将此等糜费米粮之处严加禁止”。直至嘉庆四年，烧锅酿酒虽然得以开禁，但被课以重税，酿酒业开始发展。乾隆年间，吉林乌拉地区的烧锅酿酒作坊已具有相当的规模，到嘉庆二十一年，该地区已增至54家烧锅酿酒作坊；哈尔滨田家兄弟在松花江南岸以祖传的工艺开设烧锅酿酒作坊，酒品畅销一时，周边聚集了200余户人家，形成了今日哈尔滨香坊区的雏形。当时烧锅酒的度数多为70度以上，人们鉴别烧锅酒品质的方法很简单，即将酒点燃后置于屋外，风吹不熄即为佳酿。

中华人民共和国成立后，寒地黑土地区的农民生产积极性空前高涨，除了运粮支援前线外，各县“米坊、油坊、酒坊”纷纷恢复生产。当时，东三省近200个市县均设有酒厂，成为县财政收入的重要支柱，形成了省酒、区域酒、县乡酒遍地开花的格局。据《辽宁白酒志》记载，1987年黑龙江的白酒产量已达到17.6万千升，辽宁省白酒产量为16万千升，吉林省则介于二者之间，东北三省白酒的总产量在国内酒业中占据举足轻重的地位。

二、寒地黑土地区的酒文化

酒文化是寒地黑土地区文化中不可分割的部分。在这片土地上，酒不仅是饮品，更是社交的媒介——酒桌上的饮酒活动，向来是人们增进感情、加深理解的方式。

（一）寒地黑土地区酒的独特气质

寒地黑土地区的夏季温暖湿润、冬季严寒干燥，独特的气候使其成为“天下粮仓”。这里盛产颗粒饱满的高粱、玉米、小麦等农作物，它们在黑土地的滋养下积累了丰富的淀粉与糖分，不仅籽粒大、皮厚，还耐蒸煮，为白酒酿造提供了优质的原料。

寒地黑土地区白酒的酿造工艺质朴且纯粹，传承着先辈的智慧与匠心。在制曲时，师傅凭借经验精准地把控温度和湿度，让酒曲中的微生物充分发酵，赋予了白酒独特的香气；在发酵的过程中，老窖池里的微生物群落活跃，经岁月沉淀孕育出醇厚的风味；在蒸馏时，酒液在熊熊烈火中如清泉般流出；在陈酿的过程中，酒液在陶坛里与时间对话，逐渐变得醇厚、绵柔，香气愈发浓郁。

开启一瓶寒地黑土地区的酒，浓郁的酒香扑面而来，那是粮食的清香、酒曲的陈香与岁月沉淀的香气交织而成的美妙气息。轻抿一口，酒液在舌尖缓缓散开，口感醇厚浓烈、热烈奔放；入喉后，一股暖流顺喉而下，让人仿佛置身于广袤的黑土地，感受着扑面而来的豪爽与热情。

（二）寒地黑土地区人的酒量

提起寒地黑土地区的人，人们常将他们的豪爽与酒量挂钩。实际上，这片土地上的人们爱酒却非人人善饮，酒桌上的推杯换盏更多源于情面上的考量或热情的性格使然。寒地黑土地区酒文化的内核从不在酒量的高低，而在智慧与幽默的碰撞。在酒局上，当地人擅长用猜拳、划拳等游戏，搭配诙谐调侃的话术来决定饮酒的量，既为酒局增添趣味，又巧妙地规避了酒量差异带来的尴尬。席间，当地人更会留意宾客的情绪，适时调整酒局的节奏，让每个人都能在轻松的氛围中尽兴，从而彰显寒地黑土地区的人们以酒为媒、以情暖场的社交智慧。

（三）寒地黑土人的饮酒观

寒地黑土漫长的冬季（极端气温可降至零下40℃以下）与当地民族遗传的特征，共同孕育了当地人豪放、热情、好客、爱酒的性格。南方来客常惊叹于他们“大碗喝酒、大块吃肉”的场景，而酒桌上的礼仪更透着他们对宾客的热忱。从婚宴、寿宴到商业庆典，从老友重逢到节日相聚……饮酒都是当地人传递喜悦、化解分歧的社交纽带，甚至形成“同桌共饮即无不可调和之事”的共识。

在宴席上，四道菜上桌后，主陪会从主宾开始，按年龄顺序提议敬酒，宾客需起立说吉祥话。他们在敬酒时，举杯示意后以“干杯见底”来显示诚意，同辈宾客间可“象征性拼酒”来活跃气氛。酒过三巡后，主陪与主宾会以两次收杯礼仪结束宴席。

当地人劝酒讲究循序渐进，如果宾客确实不善饮也不强迫，更不会因宾客酒量差异而轻视他人，但不饮酒者通常被默认为“无酒桌话语权”。在当地，拒酒可能被视为不敬，故宾客在自身可承受的范围内适度饮用即可。

在寒地黑土地区，饮酒从不是单纯的嗜好，而是刻进生活的交流密码。在宴席之上，碰撞的不仅是酒杯，更是人与人之间化解隔阂的诚意，以及在严寒中以酒暖情的处事智慧。这种将礼仪、情感与气候相融合的饮酒文化，恰是寒地黑土地区的人们“以酒为媒、以情相交”的生活缩影。

三、寒地黑土地区的知名白酒

近年来，借东北旅游业的发展之势，寒地黑土地区的白酒品牌获得了频繁的曝光，得到了大力推广，北派酱香型白酒逐渐赢得了消费者的青睐。尽管少数外来的酒品牌凭借其影响力占据了东北的部分市场，但当地市场仍以地产酒为主导。除了产品品质的差异之外，更多的是受当地人情感与习俗的影响。

（一）北大仓酒

作为黑龙江省齐齐哈尔市的特产，北大仓酒是酱香型白酒的北派代表，见证了黑龙江省白酒行业的发展历程，堪称寒地黑土地区白酒文化的活化石。北大仓酒的历史可追溯至1914年，是黑龙江首个采用酱酒工艺酿酒的酒坊，于20世纪90年代中后期声名鹊起，因其卓越的品质而被誉为“北国茅台”。

北大仓酒的独特魅力源于三重匠心。其一，选用寒地黑土特产的大蛇眼红高粱，颗粒饱满、淀粉含量高，为酒体奠定了天然的品质基础；其二，遵循传统固态发酵与陈酿工艺，经岁月沉淀，使得酒体中的香味成分得以充分地转化和融合；其三，北大仓酒的酒液清亮透明、略带微黄，如琥珀般晶莹剔透，酱香突出、幽香纯正，入口醇正柔和、绵甜可口、余味悠长，极具品鉴价值。

此外，北大仓酒坚持平民化的价格定位，以高性价比成为亲朋聚会、商务宴请的优选，在名牌白酒中独树一帜。

（二）玉泉酒

诞生于哈尔滨市阿城区玉泉镇的玉泉酒，以独树一帜的浓酱兼香型的风格，成为中国白酒界的标志性存在。它既延续了我国白酒千年蒸馏酿造的传统技艺，又萃取了黑龙江高粱、小麦的精华和当地泉水之灵秀，每一滴玉泉酒都充满着鲜明的地域特色与人文底蕴。

玉泉酒的酿造工艺十分考究，从原料的选取到酒液的酿制，每一个环节都经过严格的把控。高粱和小麦是玉泉酒的主要原料，这些作物在黑土地这片肥沃的土地上生长，经过阳光雨露的孕育，积累了丰富的淀粉和营养成分。玉泉镇的泉水富含矿物质，水质清冽甘甜，为酿酒提供了良好的水源条件。

在酿制过程中，玉泉酒采用的是传统的蒸馏技术，经多次蒸馏与发酵后剔除了杂质，香味和口感更加纯净。玉泉酒是以陶坛窖藏的方式进行陈酿，酒液在陶坛中历经时光的淬炼自然老熟，最终形成浓酱协调、绵厚甜爽、圆润怡长的独特风格。

在品鉴玉泉酒时，初闻其浓郁的酱香，入口后是醇厚甘甜的口感，以及悠长怡畅的回味，浓香型的绵甜与酱香型的醇厚在舌尖完美交融。这款兼具传统工艺与地域特色的佳酿，不仅是味觉的享受，更是中国酒文化的活态传承，以其独特的风味图谱，诠释着寒地黑土地区酿酒艺术的魅力。

（三）富裕老窖酒

作为源自黑龙江省齐齐哈尔市富裕县的经典佳酿，富裕老窖酒堪称寒地黑土地区酒文化的瑰宝。得天独厚的自然环境，赋予了酒体独一无二的风味基因。富裕县四季分明、光照充沛、雨水丰足，为酿酒的原料提供了理想的生长环境；当地纯净且富含矿物质的水资源，更成为老窖酒酿造过程中不可或缺的点睛之笔。

富裕老窖酒的酿造工艺传承了传统固态发酵技艺的精髓，从原料精挑、精细破碎到发酵、蒸馏，每一道工序都凝结着酿酒师傅的匠心。他们以严苛的标准把控全程，确保酒体最终呈现出清澈、透亮的色泽与浓郁芬芳的香气。

富裕老窖酒纯正爽口的口感令人称道。酒入口芳馥甘美，酒体醇厚饱满，落喉清爽利落，余韵中香气绵长不绝，浓香型的特质鲜明、突出，既彰显了酒体的丰盈层次，也印证了酿造工艺的精湛、独到。

凭借独特口感与卓越品质，富裕老窖酒在当地的市场中脱颖而出，成为家庭聚会、朋友小酌、商务宴请及节日庆典等多元场景的优选佳酿。富裕老窖酒以黑土地的醇厚风味，赢得了消费者的广泛认可与喜爱。

（四）黑土地酒

诞生于黑龙江省齐齐哈尔市的黑土地酒，是浓香型白酒中的匠心之作。它将600年的传统酿造工艺与现代发酵技术精妙融合，取用1800米深的岩溢泉水，以生长周期超150天的高粱、大米为主料，经手工分摘筛选、陶坛窖藏老熟，最终成就了它“香谐自然、丰润醇厚”的独特风格。黑土地酒的酒液窖香浓郁而不失爽冽，粮食香气扑鼻，入口柔和绵甜，落喉净爽利落，饮后不上头，每一口都仿佛在诠释黑土地的富饶馈赠。在黑龙江人的节庆宴席与贵宾招待中，这款酒以地道风味成为情感交流的纽带，被视作本土美酒的典范。

（五）老村长酒

作为源自黑龙江省双城市的“大众美酒”，老村长酒在寒地黑土地区的城乡市场备受青睐，以实惠的价格稳居中端白酒热销榜。老村长酒的酿制工艺可追溯至清道光年间的“永兴复烧锅”老号，当代酿酒人将其发扬光大，研旧制、复古法、融科技，将其酿造工艺再度升级，并以此为基础创办老村长酒业。

老村长酒以黑土地特产的红高粱、糯米、大米、小麦、玉米为原料，经传统工艺精酿而成，口感绵甜顺柔、香气馥郁，具有“饮后不口干、不上头”的特点。每一瓶老村长酒都凝结着黑土地的质朴热情，从乡村宴席到城市小聚，它以亲民的姿态陪伴着人们忘却烦忧，在绵柔的酒香中传递着生活的温暖，成为市井烟火里的情感慰藉。

（六）北大荒白酒

源自哈尔滨的北大荒白酒，以清香、浓香、兼香三大系列产品，构建起多样化的风味矩阵，凭借独特的工艺与卓越的品质赢得了市场的青睐。

北大荒白酒的酿造工艺融合了传统智慧与现代科技。在洁净无污染的自然环境中，北大荒白酒取用优质的粮食为原料，坚守传统的酿造流程，从原料精挑、独特发酵到严格陈酿，赋予了酒体醇厚、细腻的基底；同时引入现代勾调技术和微机程控系统，实现了对酿造全程的精准把控，既提升了生产效率，又确保了每一瓶酒品质的稳定。

北大荒白酒三大香型各具特色。清香型白酒以淡雅清爽的口感俘获不少年轻消费者；浓香型白酒凭借其浓郁醇厚、余味悠长的风格，成为中老年消费群体的心头好；兼香型白酒则兼收清香与浓香之长，满足人们多元口感的需求，尽显品牌创新的魅力。

此外，北大荒白酒深谙品牌文化之道，通过举办各种文化活动、传播品牌故事等方式，将地域特色与酿造匠心融入品牌的内核，以传统工艺为骨、现代科技为翼，打造出兼具黑土底蕴与时代气息的白酒典范。

（七）龙滨酒

诞生于哈尔滨的龙滨酒是北派酱香型白酒的标杆之作。该酒以优质的红粮搭配小麦高温曲为原料，经六轮发酵特殊工艺酿制，其醇厚口感获“茅台”酒缔造者季克良的盛赞。龙滨酒的每一滴酒都浸润着哈尔滨的辉煌记忆，在北方豪迈与热情的风味中，成为寒地黑土地区的人们坚韧精神的味觉象征。

龙滨酒的核心竞争力源于对传统古法的坚守与地域特色的创新融合。该酒既沿用了茅台酒的酿造技艺，严格遵循了12987轮次的发酵工艺（热水润粮、堆积发酵、回酒养醅等十余道工序），借时间陈酿打磨出酱香浓郁、酒体醇厚的基底，又立足于北方风土，革新原料与技术，从种植到出库全程把控品质。龙滨酒的酒液酱香突出而柔和、甘爽，口感细腻、清润，余味悠长、持久，每一口都凝结着酿造者对“北派酱香”的匠心诠释，在传承与创新中书写着黑土地的酿酒传奇。

（八）花园酒

源自黑龙江省双城市的花园酒是始于光绪五年（公元1897年）的百年浓香型佳酿。花园酒的酿造基因深植于黑土地——精选籽粒饱满、淀粉含量优越的本地高粱为原料，取用清澈甘甜的花园古井水，搭配高温酒曲，以百年不变的传统工艺，酿就醇厚绵甜的独特风味。

花园酒从原料精挑到酿造全程，每一步都恪守匠心。黑土高粱的天然禀赋、古井水的矿物滋养，与高温制曲、窖藏老熟等工艺环环相扣，让酒体在时光中沉淀出窖香浓郁、绵甜爽净的特质。当倾倒时，馥郁的窖香扑面而来；入口处，醇厚口感在舌尖绽放，余味悠长中尽是岁月淬炼的韵味。

百年来，花园酒以“天人合一”的酿造哲学，成为当地人节庆聚会的记忆载体——当酒香弥漫，便串联起从光绪年间至今的光阴故事，让每一次举杯都成为对传统匠心的致敬。

（九）榆树钱酒

作为吉林省榆树市的标志性特产，榆树钱酒是始于清朝嘉庆年间的传奇佳酿，历经200余年岁月的沉淀，承载着深厚的地域文化底蕴，以独特的品质赢得了世人的赞誉。

榆树钱酒的酒质堪称视觉与味觉的双重盛宴，其酒液在阳光下清澈透明、晶莹如玉，这源自酿酒师精湛的工艺与严苛的品控；酒的香气融合了粮食的醇厚与果香的清甜，浓郁而层次丰富，令人闻之沉醉；入口时酒体顺滑柔和，醇厚感在舌尖缓缓绽放，既有北方酒特有的净爽风格，即冬季饮之驱散寒意，夏季品之沁人心脾，又以绵长尾韵展现了酿酒师对细节的极致追求。

榆树钱酒还是榆树市的文化活化石，见证了城市数百年的兴衰变迁。如今在城市街头巷尾的酒桌上，人们围坐畅饮的不仅是美酒，更是对生活的热爱与情感的共鸣。这款穿越时空的佳酿，以酒液为媒介，将历史记忆、地域风情与人间烟火熔铸为一体，成为黑土地上不可或缺的文化符号。

（十）洮南香酒

作为吉林省洮南市的文化瑰宝，洮南香酒以其独特的风味闻名遐迩，其优良品质源于这片土地得天独厚的自然禀赋。洮南市地处吉林省西部，气候温润、土壤肥沃，该酒以颗粒饱满的高粱、小麦等为酿酒的原料，作物中富集淀粉与营养成分，为酒体奠定了天然基底；当地清冽甘甜的水源富含矿物质和微量元素，与独特的菌群资源形成了黄金组合——在酿造的过程中，在菌群与原料、水源的协同作用下，催生了洮南香酒独一无二的馥郁香气，成为其区别于其他白酒的标志性特征。

得益于自然条件与原料的优势，洮南香酒口感甘甜醇厚，香气独特迷人，使其成为当地节庆宴席与日常聚餐的必备佳酿。洮南香酒以绵柔的口感与馥郁的香气，诉说着洮南百年酿酒技艺的传承与创新，既见证了城市的繁华变迁，也承载着人们对美好生活的向往，如今更作为中国酒文化的代表，向世界展现着东方酿造的智慧与魅力。

（十一）大泉源酒

始于明末清初的大泉源酒，以穿越时空的酿造智慧成为酒文化中的璀璨瑰宝。大泉源酒的酿造技艺被列入中国非物质文化遗产，依托古井矿泉的纯净水源、纯粮固态发酵工艺，以及独特的酒海贮藏技术，铸就了它无可复制的品质。

大泉源酒的工艺密码源自对自然的敬畏。古井矿泉富含矿物质，水质清冽如甘露；精选纯粮发酵，让风味物质充分释放；以“酒海”陈化酒体，在岁月中沉淀出独特韵味。如此匠心造就的酒液清亮透明，如山间清泉般澄澈，香气融合清香、陈香、焦香与糟香，层次丰富而迷人；入口柔顺绵甜，落喉爽净悠长，既有传统白酒的醇厚底蕴，又以独特香韵令人过喉难忘。

作为历史的味觉见证，大泉源酒承载着数代人的情感记忆。从喜庆宴席到日常小酌，它以绵柔口感传递着生活的喜悦，更以地域文化特质成为展示地方魅力的活态名片，在时光流转中，持续书写着东方酿造的传奇。

（十二）洮儿河酒

洮儿河酒产自吉林省白城市，其酿造渊源可追溯至1924年——抗日爱国将领万福麟创办的“福丰达烧锅”，现存于白城市政府院内的“老万大楼”，是万氏家族经营酒业的历史见证。民主人士岳凌云在《福丰达商号兴衰记》中，曾详细记载过这家老字号的兴衰历程。洮儿河酒曾经斩获过巴黎国际博览会金奖，其商标更成为吉林省的著名商标，系列产品曾多次获评国家及吉林省优质产品，2002年10月再度被吉林省人民政府命名为“吉林省名酒”。

洮儿河酒以寒地黑土地区优质的红高粱为主料，汲取洮儿河流域180米以下深层地下水，经双轮底发酵、清蒸混入、缓慢蒸馏、量质摘酒、分级贮存等工艺陈酿而成，形成窖香浓郁、入口绵甜、余香悠长的独特风格。1999年，金福企业集团成立酒业有限公司独立运营后，现拥有500个窖池、14座原酒仓库（库存超3000吨），以浓香型白酒为核心开发三大系列50个品种，产品行销全国，尤其受到东北三省及内蒙古东部消费者的青睐。

（十三）龙泉春酒

“龙泉春”是吉林省辽源市的标志性白酒品牌，由辽源龙泉酒业股份有限公司匠心打造。作为北方浓香型白酒的典范，其系列产品已形成省名牌、部优、国优、滋补四大系列60余个品种，星级系列、百年双龙、十年陈酿等主导产品备受市场青睐。该酒选用寒地黑土地区的红高粱为原料，融合独特传统工艺与现代科技精工酿制，自1974年至2005年连续斩获吉林省名牌、著名商标等荣誉，更在国内外评酒会中屡获嘉奖。

龙泉酒业的历史可追溯至1906年的“天益涌”酒厂，百年间坐落于龙首山的脚下、东辽河的源头，依托得天独厚的酿酒环境持续发展。2002年改制为民营企业后，龙泉酒业作为中国白酒协会成员与吉林省白酒行业龙头，凭借百年品牌底蕴，在市场竞争中铸就了“龙泉春”的传奇品质。

（十四）德惠大曲

德惠市地处吉林省中部，饮马河与松花江穿境而过，清澈甘冽的水质与盛产高粱、玉米的黑土资源，使其自古便以“水清酒冽”而闻名关东。1917年始建的“福裕合烧锅”奠定了当地酿酒的根基，2004年企业重组为吉林德大有限公司德惠大曲酒厂。

德惠大曲酒以红高粱、小麦为原料，采用纯小麦中高温大曲糖化发酵，经人工老窖、续糟混烧、固态发酵42天到120天，再经分段接酒、分级贮存、科学勾兑而成，形成“清澈透明、窖香浓郁、甘洌爽口、尾净余长”的风格。德惠大曲的产品曾远销法国、韩国、日本等多个国家和地区，二十世纪末便畅销全国，以清香纯正、味美柔和、回味绵长的特质，成为兼具工艺底蕴与市场影响力的关东佳酿。

四、寒地黑土地区的知名啤酒

寒地黑土地区凭借优质的大麦、小麦产区与天然水资源的环境优势，诞生了国内最早的啤酒制造厂，堪称中国啤酒产业的摇篮。从齐齐哈尔的明月岛啤酒、绥滨的北国啤酒，到大庆的晓雪啤酒、长春的银瀑啤酒、吉林的大洋啤酒……众多的本土品牌曾在此风靡一时，书写属于地方啤酒的黄金时代。

随着华润、青啤、百威英博等行业巨头的崛起，哈啤、金士百等本土品牌相继被收购，多数地方啤酒逐渐淡出市场，成为时代的记忆。但历经百余年的沉淀，啤酒文化已深深融入寒地黑土地区的市井生活。街头巷尾的啤酒馆、夏日傍晚的露天酒摊等，依旧延续着这片土地对啤酒的独特情结，成为寒地黑土地区文化中不可磨灭的风景。

（一）哈尔滨啤酒

2023年7月20日，哈尔滨市被中国酒业协会授予“世界美酒特色产区・中国啤酒之都・哈尔滨”的称号。作为中国啤酒的发源地，啤酒在哈尔滨不仅是饮品，更象征着激情、活力和欢乐，为这座中西文化交融的城市增添了独特的魅力。

1900年，中国第一座啤酒厂——乌卢布列希夫斯基啤酒厂（哈尔滨啤酒厂的前身）在此诞生，开启了中国啤酒文化的序章。20世纪90年代中期，哈尔滨啤酒厂（以下简称“哈啤”）以年均15万吨的产量跻身国内啤酒行业的前列。如今，哈啤作为中国第五大啤酒企业，建立了1400多条标准流程与240余道质保工序，工厂自动化率超95%，2023年斩获了“中国标杆智能工厂”的称号，并入选工信部“智能制造优秀场景”。目前，哈啤已形成“1900”“冰纯”“小麦王”等多元产品矩阵，其中哈尔滨“冰纯”以清爽的口感成为年轻人的首选。

2014年开放的哈尔滨啤酒博物馆（占地7000平方米）是全国最大的啤酒体验馆。2017年，“百年哈啤文化旅游区”获评国家AAAA级旅游景区。2015年，哈啤增设精酿生产线后，游客可在啤酒诞生地品尝融合传统与创新的精酿佳酿。2024年至2025年，在哈尔滨冬季的旅游热潮中，哈啤借“尔滨热”实现了O2O销售额增长70%以上的业绩，更推出“冻梨灌哈啤”“哈啤配红肠”等寒地特调喝法，并通过社交媒体成为现象级话题，将冰爽品牌的基因与地域文化进行了深度融合。

从1900年建厂到如今的智能酿造，哈啤与城市共同经历了百年风云。当冻梨与啤酒在寒冬碰撞，当精酿的香气弥漫在中央大街，这杯承载着悠久历史文化的饮品，仍在以创新姿态书写着属于寒地黑土的味觉传奇。

（二）金士百啤酒

对许多吉林人而言，四平的金士百啤酒如同相伴成长的挚友，以真诚踏实的气质深入人心。该啤酒凭借踏实的用料与冰点纯生工艺，造就了新鲜劲爽、杀口感强的独特风味，成为一代人的味觉记忆。

自2001年开始，金士百啤酒产销量居吉林省啤酒行业第一位。2002年3.6万瓶/小时包装生产线从订做到安装完毕投产，金士百创下了全国啤酒行业包装线安装时间最短、质量最高的奇迹。2003年，金士百公司在吉林省率先推出啤酒中的高端产品——纯生啤酒。2007年，金士百啤酒通过中国绿色食品发展中心的绿色食品认证，成为吉林省首家通过绿色食品认证的啤酒，从而实现了啤酒质量及产品档次的全面升级。2009年，金士百公司推出金士百绿色纯生啤酒，以5A品质、绿色酿造，引领啤酒行业发展的新方向。2010年12月28日，中国第一瓶使用绿色纯种酿造技术生产的纯生啤酒在金士百正式下线，这标志着金士百纯生啤酒生产技术又跃上一个新台阶。

金士百的发展轨迹堪称中国啤酒业的缩影。金士百公司从管理到工艺，注重实效、讲究效率，走出了一条自强之路。持之以恒的诚信，让金士百赢得了民心、赢得了信誉、赢得了市场，也赢得了尊重。

（三）佳凤啤酒

佳凤啤酒的故事可以追溯到1943年，那时它还只是一个小酒坊，主要生产清酒。那时的佳木斯地区盛产大米，为清酒的生产提供了丰富的原料。历经时代变迁与多次的更名转型，1954年，小酒坊正式定名为佳木斯啤酒厂，通过持续的技术改造，于1959年跻身全国啤酒行业重点骨干企业行列。1984年，佳凤啤酒在全国轻工系统酒类质量大赛中斩获金杯奖，凭借纯正口感与一流品质成为佳木斯快消领域的明星产品，此后更是荣誉不断，承载着一代人的味觉记忆。

进入新时代，佳凤啤酒在坚守传统工艺的基础上融入现代科技。佳凤啤酒的旗舰产品——“佳凤精品”，以优质原料结合创新酿造工艺，麦香浓郁、泡沫细腻；“佳凤11度”以适中的酒精度与清爽的口感成为年轻群体的消费首选，无论是家庭聚会还是朋友小酌，都能带来愉悦的饮用体验。这种传统与创新的融合，让该品牌在保持经典风味的同时，持续满足多元消费需求。

作为佳木斯城市发展的见证者，佳凤啤酒镌刻着独特的时代印记。工厂门前排队购酒的长队、饮酒擂台赛上的速饮纪录……这些场景早已融入城市的记忆。当人们回味起佳凤啤酒的醇厚麦香，不仅是对一款饮品的怀念，更是对一段充满烟火气的岁月的追忆。

第二节 饮 料

一、寒地黑土地区人的饮料情结

寒地黑土地区堪称我国果味汽水品类最丰富的地区之一。20世纪80年代，这里涌现出黑龙江格瓦斯、吉林宏宝莱等一大批汽水厂，甚至各中小城市及县城都拥有自己的饮料品牌。在物流欠发达的年代，新鲜果蔬在寒地黑土地区尤为稀缺，尤其是冬季，因此，应运而生的各类“果味饮料”极大地填补了水果的空缺。遗憾的是，这些本土饮料后来在与外国饮料的竞争中大多逐渐沉寂，极少有走向全国的品牌，因此，多数饮料仅为本地人所知晓。所幸仍有部分地方饮料将本土化做到了极致，从味道到包装至今仍保留着旧日的风貌。

饮料对于寒地黑土地区人们的意义，早已超越了人们对解渴的这一基本需求，而是成为一种文化认同和情感寄托。人的味蕾有着独特的记忆功能，年少时喜爱的味道会在记忆中留下深深的烙印。当生活的疲惫感袭来，人们总会不由自主地回忆起童年时光——那时的快乐简单、纯粹，父母给买上一瓶饮料，就能开心一整天，还会向小伙伴们炫耀，一小口一小口地能喝上许久。在这片土地上，饮料已成为一种文化符号，承载着人们对美好生活的向往和追求。

饮料产业的发展为寒地黑土地区的经济繁荣注入了活力。越来越多的饮料企业在此扎根，为当地提供了丰富的就业机会与收入来源。此外，企业通过持续创新与品质提升，让寒地黑土地区的饮料种类愈发多元，工艺也愈发精湛。如今，这片土地上已涌现出众多独具特色的饮料品牌，赢得了广大消费者的喜爱与认可。

二、寒地黑土地区的知名饮料

（一）大白梨

在寒地黑土地区，大白梨汽水如同这片土地一样，质朴且醇厚。大白梨的外观极具地域特色——大绿瓶的瓶身形似绿色的玉米棒子，既是夜市大排档的必备饮品，也是酒桌宴席的标配，完美诠释了寒地黑土地区接地气的审美。当地人最畅快的夏日体验，莫过于在汗流浃背时来上一瓶大白梨。瓶盖在开启的瞬间“噗”的声响伴随细密的白色泡沫快速涌出，插入吸管吸上一口，顿觉清凉刺激，神清气爽。虽然大白梨的配料与梨并无直接关联，却精准还原了白梨的清冽口感，冰镇后对瓶畅饮的酣畅感可谓“比喝酒更上头”。在橘子味汽水一统天下的年代，这种“似梨非梨、妙在似与不似间”的独特风味，成为寒地黑土地区饮料中当之无愧的明星单品。

大白梨堪称寒地黑土地区人们的“童年之光”。在大白梨的鼎盛时期，销售范围遍及辽宁省，仅哈尔滨就有四五十家生产作坊，曾与格瓦斯齐名。这瓶绿瓶装的汽水，早已超越饮料本身的属性——它是黑土地的文化名片，用最简单的甜与气泡，诠释着当地人的热情、豪爽；它见证了城市的沧桑变迁，喜庆时是举杯共庆的媒介，失意时是慰藉心灵的甘甜。从街头巷尾的童年记忆到如今的情怀符号，大白梨始终以不变的质朴口感，陪伴着寒地黑土人迎接每一个时光里的美好瞬间。

（二）宏宝莱

在吉林省特色饮料的版图中，宏宝莱有着不可替代的地位——它之于吉林，恰似冰峰之于西安、北冰洋之于北京、唯怡之于川渝。当许多童年时期的饮料消失在时光里，宏宝莱时至今日却依然畅销。

宏宝莱诞生于1992年，在改革开放的热潮中稳步成长。宏宝莱汽水系列以透明玻璃瓶包装的经典原味与荔枝味最为知名。经典原味带着柠檬的微酸与清甜，口感比雪碧更轻盈，饮后神清气爽；最具代表性的荔枝味则是乳白色半透明的液体，冰冰凉凉的口感，充满了小城夏日的气息。相较珍珍汽水，宏宝莱的果味更显淡雅、清甜，充足的气泡能让吸管在瓶中自行浮起，夏日傍晚的烧烤摊上，按着吸管看它一浮一沉，便是平凡生活里的趣味。

冬季的宏宝莱花生露则是当地人另一种温暖的陪伴。二十年前，椰树椰汁的售价对于当地人来说有些偏高，宏宝莱以精选“四粒红”花生研磨的花生露成为椰树椰汁的理想平替——同样的乳白质地、顺滑口感与香甜滋味，在暖气房中喝一瓶凉的花生露，口感清新、沁人心脾；从冰天雪地的户外归来，热上一瓶花生露便可暖手、暖胃。这款兼具地域特色与时代记忆的饮料，用不变的味道串联起了吉林人四季的生活图景。

（三）珍珍

诞生于1992年广东佛山的珍珍荔枝味碳酸饮料，虽在原产地少有人问津，却在东北市场畅销二十余年，成为寒地黑土地区“80后”“90后”“00后”的集体味觉记忆。这款饮料在当地的地位独特——它是烧烤摊的黄金搭档，也是年夜饭桌上的必备饮品。

在珍珍荔枝汽水出现前，荔枝作为典型的南方水果，因20世纪90年代运输条件的限制与荔枝极短的保鲜期，吃荔枝对于寒地黑土人而言近乎奢侈。而珍珍以细腻清甜的荔枝风味填补了这一空白：既突破了鲜果运输的局限，又以亲民的价格成为大众消费品。许多当地人甚至先通过珍珍尝到了荔枝的味道，这瓶橙红色的汽水不仅承载着寒地黑土地区的人们对南国水果的想象，更以“广式精致+东北豪爽”的奇妙融合，凭借新颖的口感与精准的定位，强势打开了东北市场。

如今，珍珍早已超越饮料本身的属性，成为寒地黑土地区人们童年记忆的重要注脚——当橙红色的瓶身出现在餐桌，气泡翻涌的不仅是荔枝的甜香，更是一代人对旧日时光的温情回望。

（四）秋林格瓦斯

秋林格瓦斯是寒地黑土地区的一张名片，更是当地人的骄傲。这款色泽深沉的饮品以独特的口感和深厚的底蕴，向世界展现着黑土地的魅力。格瓦斯口感醇厚，带着淡淡的酸甜，每一口都仿佛在诉说着古老的故事。格瓦斯以大列巴二次发酵而成，被称为“液体面包”，虽外观看上去像啤酒，却满是大列巴的麦香。

在寒地黑土地区，从酒店餐馆到路边排档，格瓦斯无处不在——平时饮用、过节庆祝、吃饭佐餐，甚至无聊时也想喝上一口，它是当地人最熟悉的温暖味道。如今，随着寒地黑土地区人们的足迹遍及全国各地，在三亚等城市也能买到价格亲民的格瓦斯，每当“砰”地打开一瓶，熟悉的麦香与气泡便能瞬间抚平人们漂泊的心绪。

历经岁月的沉淀，秋林格瓦斯在坚守传统酿造工艺的同时融入了现代科技，口感愈发细腻，品质更趋稳定。通过积极的市场推广和品牌建设，这款源自黑土地的饮品正被更多人所熟知。它不仅是味觉的传承，更是对历史的尊重与回忆。

（五）大窑

大窑以独特的口感与醇厚的风味，成为寒地黑土地区人们餐桌上的常用饮品，无论是家庭团聚还是朋友小聚，总能见到它的身影。

大窑的故事与文化渊源颇深。大窑的名称源自呼和浩特的大窑村——这里不仅有旧石器时代人类打造石器的遗址，更孕育了呼和浩特文化象征之一的大窑文化。2004年，饮料商人王庆东收购了八一饮料厂，两年后将其更名为内蒙古大窑饮品有限责任公司，随后推出的“大窑嘉宾”凭借卓越的口感迅速风靡全国。这款汽水数十年来始终坚守着最初的味道，尽管产自内蒙古，却强势征服了整个寒地黑土地区。

大窑的外包装采用啤酒瓶设计，举杯时自带畅饮的氛围，且气泡比啤酒更足，碰杯畅饮间透出的豪迈感是其他汽水无法比拟的；大窑的容量更是诚意十足，常见的汽水多为200毫升至330毫升，大窑却推出520毫升和550毫升的规格，加量不加价，让消费者喝得过瘾又无压力。在酿造的工艺上，大窑选用优质原料精心酿制而成，色泽清亮、口感醇厚，带着淡淡果香，令人回味无穷。

在营销渠道策略上，大窑另辟蹊径，跳过传统便利店与超市，直接进驻餐饮店，巧妙地避开与同类产品的正面竞争，逐步成为寒地黑土地区人们聚餐的首选饮料。凭借一系列的成功运作，创始人王庆东荣获了“北方饮料大王”的称号。

（六）雪菲力

在齐齐哈尔几代人的记忆里，雪菲力是挥之不去的味觉记忆。在当地人看来，如果来到鹤城，没尝过正宗的小烧烤便算白来，如果缺了雪菲力，这顿饭的滋味便不算完整。从大饭店到路边摊，雪菲力在齐齐哈尔居民的饮食中占据着不可替代的位置，即便在外市的地道齐齐哈尔烤肉店，也能见到这款充满地域特色的饮料。随着瓶起子撬开瓶盖，“呲”的一声气泡声响，便拉开了一顿美餐的序幕。尤其在炎热夏日，头顶骄阳守着烤炉时，一口冰镇的雪菲力能让人瞬间恢复大快朵颐的战斗力。

雪菲力已有30多年的历史，1988年由上海申美食品公司与可口可乐公司合资打造，同年指定由齐齐哈尔啤酒厂生产。在雪菲力众多的口味中，玻璃瓶装的菠萝味最受食客追捧。雪菲力始终坚守着对品质的严苛把控：采用可口可乐的先进配方，以优级白砂糖为原料，通过净化水杀菌溶解、食品级高纯度二氧化碳充注等严谨的工艺制作，成就了数十年如一的稳定品质。如今的雪菲力在固守经典的同时不断创新，除传统的菠萝味、橘子味外，还衍生出多元口味以迎合现代食客的味蕾。

在雪菲力的陪伴下，曾经的“80后”“90后”已长大成人，如今的“00后”“10后”喝着上一辈儿时的味道也在慢慢长大。不管经历怎样的时代变迁，雪菲力就如同一位忠实的老朋友，用不变的甜爽气泡，见证着一代又一代鹤城孩子的成长。

第三节　乳　　品

一、高端乳品生产地

乳品是“黑土优品”中极具营养价值的品类。明代李时珍在《本草纲目》中曾言“诸乳皆可造”，而寒地黑土地区凭借肥沃的黑土地、温带季风气候、高森林覆盖率与丰富的水资源等农业条件，成为大自然馈赠的“黄金奶源带”。寒地黑土地区的人们以智慧和匠心挖掘出这片土地的乳业潜能。历经百年的发展，黑龙江省已建成全国最大的乳粉及婴幼儿配方乳粉生产基地，成为高端乳制品的输出区，培育了飞鹤、完达山、贝特佳、华丹、红星等知名乳制品企业。

如今，寒地沃土孕育的安全乳制品正引领着老百姓高品质的健康生活。目前，黑龙江省的优质荷斯坦奶牛存栏量、乳制品加工产能、乳粉产量及婴幼儿配方乳粉产量等均居全国前列。此外，黑龙江省拥有全国规模最大的婴幼儿配方奶粉生产基地，婴幼儿配方奶粉生产企业的数量与产量均位列全国首位，彰显出“中国奶仓”的雄厚实力。

当清晨的第一缕阳光洒向祖国东北的丰饶土地，绿色的有机牧场在朝霞中苏醒。鲜嫩的牧草在富含有机质的黑土与适宜的气候中生长，牛群漫步于森林氧吧，饮用富含矿物质的天然水源，享用24小时科学配比的“营养餐”，栖息在冬暖夏凉的现代化牛舍，接受专业兽医照料与机械化温情挤奶。这里不仅是乳业生产基地，更成为乳业文化与工业旅游交融的场所，勾勒出万物共生的和谐画卷。

从“一株牧草、一头奶牛、一滴牛奶”的绿色源头，到“饲草饲料—奶牛养殖—乳制品加工—终端销售”全产业链的“智能生产+智慧管理”数字化闭环；从液态奶、婴幼儿乳粉到功能性乳粉等覆盖“全人群、全生命周期、全消费场景” 的健康乳品矩阵，寒地黑土地区的“黄金奶仓”见证着每一滴牛奶从牧场到餐桌的旅程。每一份乳制品都凝结着大自然的馈赠，每一杯牛奶都诠释着寒地黑土地区人们对品质的传承与坚守。

二、知名乳业品牌

（一）飞鹤

飞鹤在创业初期，面对原料奶经农户、奶站、贸易商等多重转手导致的质量隐患，以“自建牧场、种草养牛”的前瞻性战略掀起了行业奶源的革命。2006年，甘南、克东两座国际标准万头示范牧场破土动工，使其成为全国同行业首家实现自控奶源的企业。此后近10年，飞鹤深耕北纬47度黄金奶源带，打造出中国婴幼儿奶粉行业的首条全产业链。如今，飞鹤已形成拥有13个现代化核心工厂、13个自有牧场及100万亩专属农场的产业矩阵，从饲料种植、奶牛饲养到智能加工、新能源利用，构建起全程可控的生态循环体系，通过一键溯源技术向全球展示中国奶粉制造的硬核实力。

在飞鹤工厂内，智能化、数字化设备随处可见，这些设备大大推动了产能与品质的双提升。相关统计数据显示，2019年至2023年，飞鹤连续5年蝉联中国奶粉销量冠军，连续3年位居全球奶粉销量榜首，占据着“每五罐奶粉就有一罐是飞鹤”的市场份额。飞鹤的乳铁蛋白生产线于2022年获得生产许可，成为全球少数具备该技术的企业之一，显著提升了中国乳企在全球供应链的话语权。

截至目前，飞鹤累计斩获超500项专利，承担40余项国家及省级科研项目，在母乳研究、原辅料开发等领域持续突破。飞鹤通过启动“脑发育战略”，与北京大学医学部、哈佛医学院波士顿儿童医院等顶级机构合作，围绕生命早期1000天开展系统化研究，以科技赋能国民健康，为人才储备贡献乳业力量。从黑土牧场到全球视野，飞鹤正以全产业链优势与创新基因，书写中国乳业的世界答卷。

（二）完达山

在黑龙江畔、完达山下的北纬45度黄金牧场，碧草与蓝天相映成趣，这里不仅是北大荒完达山乳业的发源地，更在60余载的岁月中见证了中国奶业从萌芽到腾飞的全过程。

作为共和国乳业的“长子”，北大荒完达山乳业始建于1958年。时任农垦部长王震将军肩负毛主席“让娃娃们长高一寸”的嘱托，率领10万复转官兵挺进北大荒，启动国家乳品基地建设。他亲自协调从北京、上海精选的750头荷斯坦奶牛运往八五一一农场，建立养殖示范基地；亲自主持选址于完达山脚下，命名“完达山食品厂”，奠定品牌根基。1997年，企业在农垦总局支持下统一品牌标准，成立黑龙江省完达山企业集团乳品有限公司，正式开启规模化发展之路。

完达山将“质量与诚信”融入每一道生产工序。20世纪60年代，首批奶粉进京献礼，20世纪70年代首创大颗粒速溶技术，20世纪80年代四次斩获国家质量银质奖章，20世纪90年代摘得“中国驰名商标”，至今保持质量抽检全合格记录。2021年，完达山首创“高寒生态”的概念，抢占差异化赛道；2022年，完达山联合中国农垦乳业联盟发布《中国农垦高寒生态牧场通用要求奶牛》团体标准，引领行业奶源升级。通过“双聚焦”战略，完达山构建起高端产品矩阵。完达山婴幼儿奶粉以“菁稚非凡”“元乳臻益”为代表，成人奶粉针对细分人群精准开发，更打造“黑沃”“乳此新鲜”“妍轻”等单品，2023年成功入选“中国（行业）创新100强”。

半个多世纪以来，完达山以北大荒精神为内核，从完达山脚下的小厂成长为中国诚信乳制品企业的标杆。在近年来的哈尔滨旅游热中，一句“来哈尔滨，完达山宠你！”尽显品牌热忱。完达山主题冰雕、在中央大街开设旗舰店、“艾菲娅酸奶”体验及免费品鉴活动等，让“高寒生态冰雪好奶”的形象借势破圈，以乳业匠心拥抱五湖四海的消费者，在冰雪经济中续写黑土乳业的传奇。

（三）大庆奶粉

在大庆乳品厂有限责任公司的生产车间里，一条现代化干湿法工艺乳粉生产线正高效运转，该生产线每小时产出2吨奶粉。承载着黑龙江几代人童年记忆的大庆奶粉，其白色透明包装袋上印着的“全脂甜奶粉”“经典1970”等字样，是“80后”“90后”对大庆奶粉最深的印象。

大庆乳品厂成立于1970年，地处北纬45°至46°的世界公认的养牛带，拥有得天独厚的自然条件。广袤的草原、肥沃的土壤与丰富的水资源构筑起优质畜牧业的基础，当地主要牧草——碱草（羊草）以高营养价值为奶牛提供了天然的饲料，从源头保障了奶源的品质。

每天清晨八点多，原奶入厂即进入严格流程。原奶在取样检测合格后，经卸奶、过滤、巴氏杀菌、降温储存、配料、均质、浓缩、喷雾干燥等20余道工序加工成奶粉，每个环节均需通过检测方可流入下一流程。五十余年来，企业始终秉持“品质第一”的理念，从原材料甄选、原奶供应到生产、包装、销售全链条实施监控跟踪，确保每一勺奶粉的质量安全，用匠心尊重每一滴奶的“成长历程”。

自2020年起，大庆乳品厂顺应市场的需求，推出多元化功能性产品，如富硒高钙奶粉、益生菌中老年奶粉、牛初乳奶粉、低GI奶粉等创新品类相继面市，目前已形成涵盖大庆老奶粉、锌铁钙奶粉等20余种调制乳粉，以及3大系列9个品种的婴幼儿配方乳粉矩阵，以丰富的产品线赢得了市场的广泛认可，让经典品牌在创新中焕发出新的活力。

第二篇　食之社会

第五章　寒地黑土地区餐饮人物

第一节　饮食传承者

一、烹饪名家

黑土地孕育的烹饪大师贯穿老中青三代，各领风骚：老一辈中有董延龄、宋国胜等泰斗级人物，少壮派则涌现出李振荣、高峰等中坚力量，更有嫩江流派张晓月等新生派代表。限于篇幅，下文将聚焦龙菜、吉菜领域的代表性大师进行介绍。

（一）盛英杰：龙江烹饪泰斗

作为国宝级烹饪泰斗、中国首批元老级烹饪大师，盛英杰是黑龙江省首位烹饪大师、龙菜奠基人，生前任高级烹调技师、黑龙江省餐饮烹饪行业协会终身名誉会长，2019年逝世，享年96岁。他在烹饪界耕耘近70载，培养出数百位餐饮界人才，著有《烹饪技术讲义》《中国名菜一千例》等经典著作，为龙菜体系的构建立下了汗马功劳。

1924年8月，盛英杰生于山东莱州。父亲是八路军战士，盛英杰5岁时母亲病逝，便被亲戚辗转送到哈尔滨。盛英杰13岁进入饭店当学徒，从摘菜、挑泔水等杂活干起，逐步学习切墩、炒菜等技艺，五年满师后辗转多家饭店。1956年，他进入道外国华饭店，与京帮大厨段福晟共事，在其悉心指导下厨艺突飞猛进；1959年调任三八饭店灶房组长并加入中国共产党，1966年担任江南春饭店党支部副书记。1974年7月，盛英杰创办了哈尔滨市南岗区首届烹饪技术培训班，开设烹调、面点、服务三大班，以“理论+实践”的模式培养出600余名中高级厨师、面点师，为黑龙江餐饮业注入了核心技术力量。

盛英杰广收门徒、倾囊相授，嫡传弟子包括张金坡、高峰、王慧珍等业界翘楚，真正实现了“园丁辛勤一堂秀，桃李成荫铺龙江”的传承盛况。他博采各大菜系之长，融合古今中外技法，不仅编著了《家常菜谱》《哈尔滨菜谱》等实用典籍，更在哈尔滨商业大学教授的引荐下，拜宫廷菜大师唐克明为师，成为御厨第三代传人。1981年，在黑龙江首届特一级厨师的考核中，盛英杰以“龙江山珍海味宴”技惊四座，其中宫廷菜“青蛙麟面”堪称神来之笔，顺利通过考核；1987年，盛英杰被黑龙江省服务局授予“特一级烹调师”称号。

从业的近70年间，盛英杰始终以“回报国家人民”为己任，不仅担任中国名厨专业委员会顾问、全国烹饪大赛评委、龙菜研究推广专家组成员等重要职务，还兼任哈尔滨商业大学客座教授、东方美食烹饪学院客座教授，曾获省市劳动模范等荣誉。作为国宝级烹饪大师，他以毕生心血推动黑龙江烹饪事业走向全国，至今仍是黑土地餐饮文化的精神标杆。

（二）张志斌：国宝级烹饪大师

张志斌身为中国烹饪大师、中国名厨联谊会理事、高级技师，同时担任黑龙江省餐饮烹饪行业协会终身名誉会长，在黑龙江烹饪界享有崇高的声望。

1936年1月10日，张志斌出生于山东蓬莱的厨师世家。其父张绍友与伯父张绍堂在道外区太古街经营“老张家馆”，同族侄子张俊臣也是哈尔滨厨界的名师。张志斌6岁随家人迁居哈尔滨，1952年正式踏入饮食行业，先随父亲在本家菜馆学艺，公私合营后“老张家馆”并入道外公私合营第一食堂。1957年，张志斌拜鲁菜名师徐麟玉为师，1958年，随师调任南岗清滨饭店、香坊饭店，1973年11月加入中国共产党，1973年至1983年间连续获评市劳动模范，并担任哈尔滨市第七届人大代表。1981年，张志斌取得“特级烹调师”的职称；1987年，经黑龙江省服务局评审晋升为“特一级烹调师”。

张志斌的烹饪基本功堪称典范。他的刀工精湛多变，经他处理的食材精细均匀、规格统一，在黑龙江商学院烹饪系编写的全国首本烹饪教材《烹饪学讲义》中，刀工展示的图片均出自其手；张志斌的勺工娴熟优美，轻颠、大翻等技法运用自如；他对火候的掌控炉火纯青，烹炸菜品外焦里嫩，烧烤菜式皮酥肉软，熘炒菜式鲜嫩清脆。此外，他深谙干菜泡发之道，能根据山海干菜的产地与特性，灵活运用水发、油发、碱发、火发等技法，出品质量上乘且得料率高。

张志斌的恩师徐麟玉于20世纪30年代从上海京东帮菜馆 “同兴楼”出师，精通正宗鲁菜。张志斌尽得真传，所制山东海参、京包里脊、油爆双脆等菜品，脆嫩清香，京鲁风味纯正。此后，他又先后向烹饪大师刘祯祥学燕菜、向粤菜名师周世硕学南菜，向郭永俊、邓梅三研习“福山帮”菜，向赵永省请教“济南帮”菜，终成融会贯通的集大成者。1978年6月，商业部在11省市技术考核中，他烹制的三丝鱼翅、菊花银耳等6道菜艳惊四座，以42岁之龄获授“烹饪技师职称”；1981年，在黑龙江省首批特级烹调师考核中，其设计的高档宴席（1花拼、4冷荤、10热菜、1汤）脱颖而出。1983年，张志斌代表黑龙江参加全国首届名师大赛，以金蟾红油犴鼻、鸳鸯戏水游飞龙等4道山珍野味名菜广受赞誉。

张志斌不仅精于烹饪实践，还受聘为高校客座教授，为大中专学生讲授烹调技术与厨德。他对弟子要求严苛，培养出索文喜、周兴志、滕安民等一批杰出的厨师。此外，他撰写的《浅谈名菜扒熊掌》《鲤鱼烹饪技术初课》等专业文章，为黑龙江烹饪事业的理论建设添砖加瓦。作为国宝级烹饪大师，他以融会中西的技艺与甘为人梯的精神，成为龙江厨界承上启下的重要标杆。

（三）张乐竹：龙江西餐大师

作为哈尔滨第二代西餐大师、国家高级技师，张乐竹以鲁菜与俄式大菜见长，曾担任马迭尔宾馆、和平邨宾馆等多家高端酒店厨师长及副总经理，兼任黑龙江省餐饮烹饪行业协会常务理事。在众多的头衔和丰富的经历背后，他始终坚守着严于律己、精益求精的从厨准则。

1936年出生的张乐竹，15岁便进入马迭尔宾馆研习西餐。学艺一年后，马迭尔宾馆更名为哈尔滨旅社，被政府定为接待中外贵宾的高级宾馆，规格显著提升。1954年，勤奋好学的他正式拜西餐名师曲统祥为师，系统钻研西餐技艺；1956年，张乐竹调任中餐部学习鲁菜。短短数年间，他凭借刻苦钻研迅速成长为精通鲁菜与俄式大菜的特一级大厨，在此后数十年的职业生涯中接待无数贵宾，菜品备受赞誉。

马迭尔宾馆为重拾俄式西餐传统味道，邀请已经退休的张乐竹担任技术指导与美食顾问，助力年轻厨师传承这项黑龙江省非物质文化遗产。以“高标准、严要求”著称的张乐竹时常强调：“过去马迭尔宾馆接待国家领导与外宾，厨艺标准本就严苛；如今虽面向社会，仍需保证食材新鲜、口味正宗，这是对食客的责任，也是百年品牌屹立的根基。”张乐竹格外注重传统烹饪细节，如拌凉菜用盐需精准控制以防出水，西餐配菜切配尺寸分毫不能差，他认为，“细节是厨师的立身之本，不可为效益偷工减料”。

张乐竹不仅指导改良现有菜品，更复原了40余道失传的老菜，其中一道便是具有百年历史的红菜汤。这道菜的工艺较当前市面的做法更为繁复，味道更显香浓。他擅长的汤品达10种之多，对西餐凉菜与烤制品的用料、火候的精准把控近乎苛刻。张乐竹认为，哪怕一味调料、一分钟时差，都会影响菜品风味。在他的努力下，马迭尔西餐厅成功重现了俄式老味道。

对张乐竹而言，烹饪不仅是满足人们口腹之欲的技艺，更是需要敬畏的艺术。马迭尔宾馆记录着他对菜品的极致认真、对厨艺的毕生热爱，以及对“百年技艺”的深厚眷恋。当他指导年轻厨师时，传递的不仅是技法，更是对饮食文化传承的使命感，让龙江西餐的韵味在时光中持续流淌。

（四）张汝才：元老级美食匠人

张汝才于1946年12月出生在哈尔滨，祖籍山东省肥城县，是中国烹饪大师、中国名厨联谊会执委、高级技师，担任黑龙江省餐饮烹饪行业协会资深名誉会长及国家一级评委，在餐饮界享有崇高的威望。

张汝才初中毕业后进入哈尔滨服务学校烹饪专业深造，启蒙老师为御厨徐连芳，授课教师均为哈尔滨知名饭店的名厨。学校对学生烹饪的基本功要求严苛，由此奠定了张汝才扎实的专业基础。1967年，完成三年学业的张汝才被分配到哈尔滨著名的松滨饭店，师从曾任职于原哈尔滨“新世界”饭店的郭永俊。在郭永俊的悉心指导下，张汝才迅速掌握了煎、炒、烹、炸等技法及成本核算的技能，不久便升任灶房组长。在工作中，他总是抢干脏活累活。在没有电冰箱的年代，张汝才主动承担起抬冰、洗冰、砸冰等工作，同时熟练完成杀鸡、宰鸭、剔肉分档等工序，因行事利落、条理清晰深受师徒们的赞誉。1982年至1992年间，张汝才连续五次荣获黑龙江省商业系统“劳动模范”称号；1986年，张汝才被哈尔滨市政府授予“技术能手标兵”；1993年，张汝才获黑龙江省政府与哈尔滨市政府联合授予的“劳模标兵”及“优秀共产党员”称号。

张汝才在餐饮行业深耕数十载，先后担任哈尔滨松滨饭店、江南春饭店、帕弗尔大酒店、雷博尔大厦等餐饮机构的管理职务。他潜心钻研烹饪技艺，创制出一系列极具代表性的龙江名菜，如“金龙鱼”“牛娃白鱼”等菜品，以口味独特、造型典雅、醇香诱人而著称。此外，张汝才独创的“龙江冰雪宴”“龙江名鱼宴”“龙江珍菌宴”“龙江回珍野味宴” 等十余套特色宴席，凭借鲜明的地域风格广受业界的好评，成为餐饮界的标杆之作。

作为烹饪教育的践行者，张汝才被哈尔滨商业大学旅游学院、哈尔滨工业大学、哈尔滨医科大学等多所高校聘为高级烹饪顾问及客座教授，致力于传播精湛的烹饪技术与深厚的理论知识。他以“梅花香自苦寒来”的奋斗精神，为黑龙江省烹饪事业的发展作出了卓越贡献，他创制的菜品与宴席不仅展现了龙江饮食文化的精髓，更成为中国烹饪艺术中的珍贵财富。

（五）王启瑞：资深烹饪名师

王启瑞于1943年8月出生在黑龙江省哈尔滨市，身为高级技师、黑龙江省餐饮烹饪行业协会第六届理事会资深名誉会长及省餐饮业高级评委，曾在哈尔滨市丰收饭店、黑龙江省北华饭店担任餐厅副经理，并任哈尔滨市经济开发投资公司信息中心行政总厨，在龙江餐饮界颇具影响力。

1962年，王启瑞被调入哈尔滨市动力区丰收饭店，师从陈友山，学习烹饪技术。陈友山见其年轻好学、勤奋聪慧，便倾囊相授拿手的鲁菜技法，经数年苦练，他尽得鲁菜制作技艺的精髓。胸怀大志的王启瑞不局限于单一的菜系，先后向郭永俊、邓梅山、周士硕等烹饪大师学艺，博采川、粤、京、苏等菜系之长并推陈出新，短短几年便精通多派系的厨艺，在哈尔滨餐饮界崭露头角。1979年，王启瑞任哈尔滨动力区服务局饮食培训班的教师，他凭借深厚的理论与扎实的功底，在黑龙江渐负盛名。

1988年3月，王启瑞在黑龙江省首届烹饪技术比赛中斩获热菜金牌与花拼二等奖；同年，在全国第二届烹饪技术大赛上，他以一道“玉鸟银丝”荣获金牌，实现了黑龙江省在此类赛事中金牌零的突破。1996年10月22日，王启瑞与李振荣共同主理的“黑龙江之夜”大型宴会，为420余位来宾烹制以黑龙江特产为原料的东北特色菜肴，备受赞誉。2002年11月，他被中国烹饪协会授予“中国烹饪大师”称号。

王启瑞在精通鲁菜的基础上，深入研究港、台及泰国风味的菜肴，同时在冷菜拼摆与食品雕刻领域造诣深厚。他自创改制的刀具与模具独具匠心，拼摆雕刻的花鸟形象栩栩如生，兼具观赏性与食用性。多年来，王启瑞为黑龙江省餐饮行业培养了大批优秀人才，以精益求精的技艺和甘为人梯的精神，为黑龙江烹饪事业的发展作出了突出贡献。

（六）刘东来：龙江老字号菜肴创始人

刘东来于1945年1月出生在哈尔滨市，祖籍河北省霸州市。1966年，刘东来毕业于哈尔滨服务中等技术学校，启蒙老师为御厨徐连芳。毕业后他被分配到当时著名的哈尔滨市道里松滨饭店，师从鲁菜大师郭永俊。郭永俊在鲁菜领域造诣深厚，传艺时毫不保留且要求严苛。刘东来在其悉心指导下尽得真传，尤其精通吊汤、扒烧、熘炒等技法，烹制的葡萄白鱼、孔雀鳗鱼、油爆双脆、清汤燕巢等菜肴，色泽美观、味道醇正、造型别致。

1985年，刘东来调任至三八饭店后，多次前往川蜀地区，为寒地黑土地区引入了四川特色风味菜肴。他深入考察川菜的形成与发展，在研究川菜特点的基础上，结合当地人的口味，创新出文君豆腐、川烧鱼扇、蜀味鸡脯、红油全肘等兼具川菜特色与寒地风味的菜品，成为龙江饮食文化融合创新的典范。

（七）任家常：功勋烹饪艺术家

任家常身为中国功勋烹饪艺术家、中华名厨、元老级注册中国烹饪大师，同时担任餐饮业国家一级评委、中烹协名厨委资深委员。自哈尔滨市服务学校毕业后，任家常始终执着追求面点制作技艺，在黑龙江省内外烹饪界颇具声望。

在长期从事的培训工作中，任家常治学严谨，累计培养各级面点师500余人。他不仅出版了全国技工学校统编教材《面点技术》，还参与了《烹饪基础知识》《点心制作》《风味特色创新菜点》《面点工艺学》《中式厨师》等多部专业书籍的编写与审定工作，以深厚的理论功底和丰富的实践经验，为烹饪教育事业和面点技术传承作出了重要贡献。

（八）张金坡：秉承父志的烹饪大家

张金坡生于1948年2月，大专学历，中国共产党党员，同时担任中国饭店协会副会长、中国菜研究院副院长、黑龙江省龙江菜推进委员会主任等职务，兼具国际美食评委、餐饮业国家一级评委等专业资质，是餐饮行业内的权威人物。

张金坡在餐饮业取得的卓越成就，既源于自身的聪慧与勤奋，也离不开父亲张俊元的启蒙。张俊元，河北人，1930年“闯关东”后于1943年在哈尔滨经营源盛东饭店（1958年改制后的源盛东更名为三棵饭店），凭借高超的厨艺成为国营三棵饭店的大厨。年少的张金坡深受父亲的影响，自幼向往厨师职业，在父亲的言传身教下与烹饪结下不解之缘。

中学时期，为减轻家庭负担，张金坡利用课余时间在饭店勤工俭学，从挑水、摘菜等杂活做起，练就了吃苦耐劳的品格。1964年，他放弃报考重点高中的机会，以全市第一名的成绩考入哈尔滨市服务学校烹饪专业，经过两年系统地学习，成为哈尔滨餐饮业科班出身的专业厨师，为职业生涯奠定了坚实的基础。

毕业后，张金坡先后在迎宾饭店担任主灶厨师、店主任，因厨艺精湛、管理出色被调入原哈尔滨太平区服务局，负责全区服务行业技术管理与培训相关的工作，并兼任厨师学校的主讲教师。自1981年起，他长期担任烹饪学校的校长，以“理论+实践”的教学模式培养出2000余名学员与徒弟，遍布全球数十个国家和地区，成为当地餐饮业的骨干力量。

1984年，张金坡临危受命出任三棵饭店的经理。他通过装修改建，将营业面积从不足80平方米扩展至3000平方米；同时，还改革了分配制度并打造了品牌菜品。张金坡首创了“海参蘸酱”，推出了“巢燕葱烧海参”“炸烹虾段”等名菜，以及“松花江名鱼宴”“乡村年夜饭”等系列宴席。经过整合，三棵饭店先后荣获“国家特级饭店”“国家绿色饭店”等称号，2000 年，三棵饭店跻身哈尔滨市餐饮业50强，成为“哈埠菜研发中心”与“龙江菜研发基地”。

如今，张金坡仍活跃在餐饮领域，他秉承着父亲“色香味形、营养健康”的厨艺理念，融合世界烹饪技法与艺术，在传承中创新，持续推动中国烹饪文化的发展与传播。

（九）李宝珠：国宴文化传承大师

李宝珠于1947年9月出生在哈尔滨市，拥有高级技师职称，是中国烹饪大师、国家一级评委、中国药膳大师，曾任北方大厦宾馆总厨师长、中国旅行社餐饮部经理等职，是餐饮界的权威人物。

李宝珠师从刘洪财，认张锡财为带师，在严格学艺中成为中西餐全能型厨师，技艺精湛娴熟，多次受邀烹制国宴，以菜品传递中国情谊与匠人智慧。

李宝珠不仅有高超的烹饪技艺，还有较深的烹饪理论知识，曾被哈尔滨商学院旅游烹饪系、黑龙江旅游培训中心、新东方烹饪学校、华中厨师学校、黑龙江省服务局培训中心等多所院校聘为高级实习指导老师和客座教授。他在教学中将烹饪知识毫无保留地传授给学生，深受学生的欢迎和敬佩。为了使烹饪技艺传承下去，李宝珠培养出众多在全国大赛中摘金的名师及餐饮行业领军者。此外，他还担任龙菜专家组专家，参与了《黑龙江风味》《中国大锅菜》等书的编写，为龙江餐饮文化的传承作出了突出的贡献。

（十）孟宪泽：亚洲名厨

1949年9月，孟宪泽出生于哈尔滨市双城区，曾任职于佳木斯列车段、马迭尔宾馆等机构，担任厨师长、总经理等职，是兼具管理才能与烹饪技艺的行业精英。

孟宪泽师从张乐竹，潜心钻研京鲁菜。1989年，孟宪泽在吉林商业专科学校深造时，将中医食疗理论与烹饪结合，创制出“海马童子鸡”“天麻养颜汤”等药膳菜品，丰富了龙江菜的养生内涵。1992年，孟宪泽在担任海参崴阿穆尔大酒店行政总厨期间，深入学习西餐技艺，形成了中西融合的烹饪特色。1993年，孟宪泽在第三届全国烹饪大赛上，凭借冷拼“玉凤戏牡丹”与热菜“蟹黄登高鱼骨”双双夺金，表演的“8分钟整鸡脱骨”绝技令业界惊叹；1997年，在亚洲中厨大赛中，孟宪泽凭借“高汤竹荪鳇鱼信”摘得金牌，荣获“亚洲名厨”的称号。

从业以来，孟宪泽以科学方法传承技艺，兼顾营养与创新，用一道道融合地域特色与养生理念的菜品，为黑龙江餐饮行业的发展注入了独特的活力。

（十一）齐金柱：吉菜泰斗

1970年，16岁的齐金柱被分配至吉林市最大的江城饭店，初入职场的他拜刘继普为师，锚定了人生的烹饪之路。

在齐金柱的记忆里，学徒生涯堪称严苛。无论冬夏，每天凌晨四点半起床劈柴、生火，将豆油炼至300℃去色（这项工作极具危险性），洗刷数十种调料罐并预制半成品食材，整个流程需耗时五小时，直至师傅九点上班才能吃早饭。齐金柱认为最耗体力的工作是管理土冰窖，他需要每隔三天将交叠存放的冰块与食材全部搬出，清洗后再将数百斤重的新冰层层码放，每次劳作后都需数日才能恢复体力。这种近乎苦行的历练，为他奠定了坚实的职业根基。

凭借勤奋与执着，齐金柱深得刘继普的赏识，从而尽得吉林本帮菜的真传。为练就“鸡全活”的绝技（从宰杀、去毛到烹制上桌的极速烹饪），他一年内用五十多只小笋鸡反复练习，最终在1978年青年厨师大赛中以1分20秒的成绩完成这道功夫菜，技惊四座。除学习本帮菜技艺外，他还系统钻研传统鲁菜，为日后技艺的提升打下了基础。

1981年，宫廷菜大师唐克明到吉林讲学，让齐金柱萌生了学习御膳的想法。1983年，他带着单位介绍信赶赴沈阳宫庭菜培训班，却因错过开班两周且无通知书被拒之门外。为拜师，他找到唐克明家中，见面便跪地求师。这份诚意打动了唐克明，最终齐金柱成为首期宫廷菜培训班的插班生。结业前，唐克明将《宫廷菜讲义》《满汉全席》等三万多字的书稿资料交予他手抄，为其埋下复原宫廷菜的种子。

2004年调任北京后，齐金柱开始整理唐克明遗留的资料，决心复原满汉全席。从2006年起，他白天工作，深夜伏案撰写《满汉全席：宫廷御膳菜传承与发展》，历时六年完成20余万字书稿，书中不仅详解了108道主菜、60道冷菜及72道点心的烹饪技法，还引经据典考证食材药理，甚至亲手绘制器皿与菜点造型图。2014年至2015年间，他带领徒弟六次复现全部菜点，同时定制专用器皿，以“不仅要有技艺，更要留传承”的信念，让沉寂的宫廷菜焕发新生。

从江城饭店的学徒到吉菜泰斗，齐金柱用半个世纪的坚守证明——真正的大师，不仅是技艺的集大成者，更是文化传承的躬行者。

（十二）唐文：吉菜顶级大师

唐文生于1954年5月，中国共产党党员，中国吉菜烹饪大师，曾获中国烹饪大师金爵奖、终身成就奖等殊荣。他曾任吉林商业高等专科学校校长、吉林省烹饪协会会长等职，兼任餐饮业国家职业技能竞赛裁判员，是吉菜文化推广的核心人物。由他担任总策划与技术总监的《吉菜美食》大型电视专题片，曾在央视、吉林教育台等平台播出；电教片《学烹饪》实现全国推广，《萝卜花雕刻技法》获第三届吉林省高教优秀电教教材奖，为烹饪技艺的普及作出了重要的贡献。

尽管身兼行政要职，唐文三十余年来却从未中断烹饪教学。他以“教书育人，为人师表”为准则，治学严谨、精益求精，培养专科及技工学生共计1500余人，各类短期培训班学员超3000人，众多弟子已成为国内外餐饮界名师。在教学中，他科学协调行政工作与专业研究，实现“双肩挑”式发展，多次获省、市、校表彰：1990年，唐文获“商业部优秀教师”称号；1995年，唐文在吉林省抗洪抢险中荣立三等功；1996年，唐文获评吉林省贸易系统管理效益标兵。

作为行业权威，唐文曾担任第一届至第五届吉菜美食节的裁判长，2002年至2003年任中央电视台《满汉全席》擂台赛的评委；2007年担任第六届亚洲冬季运动会餐饮总监并获吉林省委、省政府二等功。2008年，唐文统筹策划了第六届全国烹饪技能竞赛吉林赛区赛事并担任总指挥。唐文用数十年的耕耘诠释了烹饪教育家与文化传承者的双重使命。

二、餐饮创业者

近年来，寒地黑土地区的餐饮人带着原生的饮食智慧走出东北，让烤肉、饺子、麻辣烫、铁锅炖等特色美食在全国落地生根。不少创业者将这些传统品类打造成品牌标杆——杨国福麻辣烫、喜家德虾仁水饺、山河屯铁锅炖等连锁品牌，以标准化运营突破地域限制，形成了强大的市场影响力。

“便宜、大碗、好吃”是打工人对工作餐的核心诉求，而寒地黑土地区的餐饮正以豪放、慷慨的特质精准击中这一痛点。在消费趋于理性的当下，这些品牌凭借“花更少的钱吃饱和吃好”的高性价比优势逆势扩张。

受地域文化的熏陶，寒地黑土地区的餐饮人天生具备敢想敢干的开拓精神。他们不局限于传统经营模式，而是将麻辣烫、饺子、拌饭等“小品类”餐饮玩出了新花样。杨国福用标准化汤底征服全国人民的味蕾；喜家德以“现包虾仁水饺”建立品类壁垒；米村拌饭则靠极致性价比抢占快餐市场……这些品牌通过供应链整合与模式创新，将看似普通的小吃做成了大生意，展现了寒地黑土地区的餐饮人化平凡为传奇的商业智慧。

（一）杨国福：杨国福麻辣烫创始人

杨国福，这位从哈尔滨宾县走出的创业者，用二十余年的时间将麻辣烫从小吃摊做成超7000家门店的连锁品牌。2023年，杨国福麻辣烫以1800家新开店数位居中国特色小吃店榜首，其“麻辣烫王国”的版图仍在持续扩张。

1970年，杨国福出生于哈尔滨宾县万发村。15岁辍学后，他蹬着自行车到县城收破烂，回收水泥袋，缝补好后卖给别人装炭；1990年，杨国福辗转至哈尔滨投奔姑姑，推着三轮车卖粥和咸菜，租住在每月500元的地下室，做烤串生意，靠大喇叭喊招揽顾客。然而，原材料涨价、租金的压力让杨国福的小本生意难以为继，直到他注意到街边火爆的麻辣烫摊上挤满食客的场景，让他看到了新的机会。

首次尝试川味麻辣烫时，杨国福被辣到“怀疑人生”，这个经历让他意识到，正宗的川味麻辣烫不适合东北人的口味。他在电饭锅里用豆瓣酱试水，炒香辛料炒糊锅，数百次实验耗费数千元，最终抱着“死马当活马医”的心态，用大骨汤为底，加入奶粉、冰糖、花椒、八角等调料，意外熬出了鲜香浓郁的汤底。2003年9月6日，哈尔滨永和街首家“杨记麻辣烫”开业，第一天生意就异常火爆，下午便售罄所有食材，日营业额迅速破千。一时间，杨记麻辣烫火遍哈尔滨的大街小巷。

面对蜂拥而至的加盟商，杨国福将“杨记”更名为“杨国福麻辣烫”。2007年6月15日，杨国福用自己的名字注册了第一家公司，为亲朋好友提供底料并指导他们开店，由此奠定了连锁加盟模式的基础。杨国福亲自管理每一家加盟商门店的品质，坚持不能为了赚钱不要品牌。

2010年，杨国福麻辣烫的门店已经覆盖了黑龙江省内大部分市县及部分省外地区。2011年，杨国福麻辣烫全国扩张之路正式启动，门店逐步覆盖华北、华中地区。在全面拓展市场的战略下，2015年，杨国福集团将总部从哈尔滨迁至上海。截至2015年末，杨国福集团全国门店已经超过3500家。2016年起，杨国福集团开始着手准备建立自有研发及制造中心，投资5亿元，耗时677天，2018年9月，成都杨国福4.0智能工厂开业。2022年2月22日，杨国福集团正式公布招股书，冲刺麻辣烫第一股，并将自己定义为“首屈一指的中式快餐品牌”。历经二十余载，无数次逆境中的奋力拼搏，一个麻辣烫帝国由此诞生。

（二）张亮：张亮麻辣烫创始人

一个1985年出生的年轻人，打造出了年入50亿元、门店数逾4500家的麻辣烫帝国。

张亮，1985年出生于哈尔滨宾县，小时候比较调皮不爱学习，但脑子很灵活。因为家庭条件不太好，他很早就辍学打工帮补家用了。从18岁起他开始帮助哥哥做酒水销售，因为需要到处出差，他每到一个地方都会品尝当地的小吃。在四川出差时，他第一次吃到冒菜，觉得味道很不错，恰好当时在东北，麻辣类的川味小吃很少，张亮便决定把冒菜带回哈尔滨。

此时有一个叫杨国福的老乡，已经在哈尔滨开了第一家麻辣烫小店。但这并没有改变张亮下海做麻辣烫的决心。2008年，张亮用自己的积蓄和借款凑了两万多元，雇了三个服务员，在哈尔滨香坊区开了一家近100平方米的餐厅，取名为“阳光麻辣烫”。由于张亮对四川麻辣烫没有做任何口味上的改良，这次的创业在一年后惨遭失败。

面对开局不顺，张亮并没有放弃，他认准的事就一定会坚持下去。他开始尝试改良麻辣烫的口味，一方面将四川传统的麻辣红油汤底改成了骨汤，做成可以喝汤的麻辣烫；另一方面，在调味料上加入麻酱，这样既保留了麻辣烫的精髓，又在口味上调和了南北地区的差异。他还找了设计的朋友帮忙做店面设计，将传统麻辣烫路边摊的形象改成了高大上的就餐环境。改头换面的张亮麻辣烫很快就打开了消费市场，收获了一大批消费者的好评。

张亮店里的生意开始越来越好。周围的亲戚朋友见状，也纷纷加入进来一起开店。随着寻求加盟的人越来越多，张亮受到触动，有了做品牌的决心。2009年左右，张亮在各地成立分公司，当地的事在当地解决；同时，分公司在所在地开设直营店，盈利贴补分公司的开支。

2013年是张亮麻辣烫升级的一年。黑龙江省张亮餐饮有限公司注册成立，公司总部从阿城迁至哈尔滨市区。也是从这一年开始，张亮麻辣烫所有加盟店的装修、店内布局等都统一规划。当年，北京首家分店开业，其后一年半时间里迅速发展到400家。北京市场的成功给了他走向全国的信心。

2014年，企业化运作的张亮麻辣烫迈入高速发展阶段，以每年新增1000家门店的惊人速度向全国扩张。2016年，张亮麻辣烫首家海外分店在日本开业。到今天，张亮麻辣烫已经在全国设立了22个分公司，并正式开放了海外市场，全球门店突破5000家，早已超越星巴克的3500家门店。2018年，张亮麻辣烫营收近50亿元人民币。

一碗小小的麻辣烫迸发出如此巨大的能量，除了得益于麻辣烫品类的强劲势能外，也离不开掌舵者的运筹帷幄。在张亮门牌上可以看到“我们不一样”这一行小字，张亮把这种文化植入了店铺装修和店铺经营。一方面，张亮帮助加盟商解决在经营过程中遇到的问题，包括卫生、服务、穿着、经营意识、汤品等，从选址到开店，为加盟商排忧解难；另一方面，张亮还帮助加盟商提高经营意识，优化促销方案，从而帮助加盟商提高营收。“轻财足以聚人，律己足以服人，量宽足以得人，身先足以率人”，从张亮的这句座右铭可见一斑，他为人处事的准则和管理公司颇为智慧。

（三）高德福：喜家德品牌创始人

高德福，喜家德品牌创始人，运用自行创发的商业模式，仅用数年时间，就完成全国40个城市极速裂变、年收益突破30亿元的逆袭。喜家德被评为“中华特色餐饮美食名店”。如今的喜家德已成为现包水饺的领导品牌。

高德福出生在黑龙江省鹤岗市，原本在一家餐馆里打小工，但餐馆因老板经营不善而倒闭，高德福也没了工作。在家思考再三后，他决定自己创业，怀着一腔热血向父母借了3000元钱，租下一个小门面，开了个餐馆。但因为初入行业毫无经验，加上自己做的餐饮种类太多太杂，缺乏市场竞争力。发现此问题后，高德福便决定调整经营方向。他先是前往广东，拜访了一位老师傅，谈话中让他有了方向，回到家乡后便将精力全放在做饺子上。

2002年，第一家喜家德水饺店在鹤岗开业。但很快就迎来了第一个问题，原来，当地人几乎家家户户都有饺子，在外面吃是方便许多，但他们又担心饺子馅不干净。高德福得知后，很快便做出决策，他让人将后厨搬到前台，厨房采用透明风格，擀面皮、包饺子、剁肉馅都在顾客视野范围内进行，所有服务人员佩戴统一帽子、口罩以及手套。这在当时餐饮业算得上是一个创举，很快就得到了大家的认可，门店生意也逐渐好了起来。但高德福没有安于现状，在市场几乎所有饺子都是元宝形状时，他却发明出“一字型”长条水饺，既好夹又好分辨饺子馅，这也使喜家德水饺更加具有自身特色。

2003年，喜家德正式进入哈尔滨市场。喜家德哈尔滨远大店营业后，因自身品牌效益和选址经验不足，没到一年时间就停业了，但高德福对此却很乐观，他认为做生意成败都有可能，如果失败了，能学到点东西也是好的，大不了从头来过，只要方向是对的，坚持下去，时间会给出答案。喜家德成立之初只做五款水饺，高德福想把每款都做到极致，把浪费和出错率降到最低，但喜家德的员工不理解，抱怨顾客说饺子的种类太少，但高德福坚持只做五款，款款做精。例如喜家德的招牌产品——虾三鲜水饺，光虾仁就需手工挑选三道，鸡蛋要4分钟低温小炒，韭菜则需近十道工序，这样才能做成一盘虾三鲜水饺。高德福认为，水温、调味料、时长等因素都会影响到水饺的口感，故此每一种水饺，都是反复试验上千次后，才有了最适合的烹饪流程。为了保证饺子皮的筋道和嚼劲，喜家德自创出一种名叫“四杖出皮”技术，以及一种特制的擀面杖，在保证饺子皮筋道和嚼劲的同时，还大大提高了擀面皮的效率。

2008年，哈尔滨已有十家喜家德水饺店，经过五年的努力，成为了哈尔滨的知名餐饮品牌，但创始人高德福却没有满足，他有一个更远大的目标，将喜家德开遍全国。2009年，喜家德水饺正式进军吉林省，很快便将门店数量增至60家，同年还获评“中华特色餐饮美食名店”。在发展的同时，高德福也没忘记作出改进，打造产品差异化。在喜家德做高管，每天都要吃近百个水饺，只为试出最好吃的饺子，就连高德福本人，每天的餐桌上都会有水饺。公司最忙的部门就是产品研发部，工作人员必须不断研究口感怎样能好一点，营养怎样能高一点，配料怎样能更搭一点。高德福认为，只有这样，才能让喜家德跟上时代。

喜家德的出现，以一己之力改变了整个行业现状，在之前饺子行业都是有品类无品牌，如今既有了品牌，品类也变丰富了，但喜家德水饺的价格一直颇受争议，有人提议降低饺子价格，可高德福拒绝了。他认为一旦将价格降下去，质量也会随之下降，最后就会演变成低质、低价的竞争，市场便会越来越乱，直到老百姓不敢去外面吃水饺。高德福为喜家德制订的计划就是，早先几年做基础、做品牌品质，未来就搞模式创新。高德福为提高员工工作的积极性，制定了一套创新的“358”员工合伙模式，“3”指百分之三干股，“5”指百分之五育才股，“8”指百分之八激励股，如果考核达标，就能成为片区经理，还有新店投资入股百分之二十的权利。这一模式让所有普通员工都有机会当老板，既提高了员工工作积极性，也将员工和企业绑在了一起，可谓是一举两得。事实证明，这个模式十分成功，实行之后仅用数年时间，喜家德就一改之前经营颓势，完成全国40个城市的极速裂变，年收益突破30亿元的逆袭。

2012年，喜家德先后进入内蒙古、山西、河南等省区，将连锁门店增至230家。2014年，喜家德在全国总门店数突破300家，员工也达8000余名，成为当之无愧的现包水饺领导品牌。如今高德福又有了新的目标，将中国水饺带到全世界。

（四）柯晶春：山河屯铁锅炖创始人

山河屯铁锅炖的品牌创始人名叫柯晶春，1977年出生于黑龙江省依安县，16岁从厨。

他的父亲曾在五常市山河镇开办了一家山河屯炖菜馆。尽管生意渐渐红火，但由于父亲生病的原因，饭店最终无法继续经营。当年13岁的柯晶春被迫早早出来谋生，在上升期落幕的菜馆和未能做出名堂的东北菜，也成了他和父亲一个不小的遗憾。

在外打拼三年后，为了继续父亲的梦想，柯晶春选择来到300公里外的大庆，开始学习厨艺。随后20年的时间，他从默默无闻的学徒，一直做到了当地最大酒店的总厨。多年过去，父亲当年没能经营下去的山河屯炖菜馆仍是柯晶春未完成的心愿，也成为他放弃在大庆的丰厚待遇，选择来到哈尔滨创业的缘由。

店名，当然还是山河屯。在大酒店总厨位置多年的经验积累，让柯晶春对食客的偏好极为了解，铁锅炖大鹅、炖鸡和炖排骨是当地人雷打不动的传统菜品。山河屯铁锅炖的生意蒸蒸日上，在哈尔滨当地很快颇为有名。但他和父亲的梦想，并不只是在黑土地把菜做好，如何让山河屯走出黑土地，让铁锅炖俘获更多人的味蕾，成了柯晶春的又一次逐梦。

为把铁锅炖做出名堂，柯晶春想了很多办法。首先是食材，大鹅要选散养的，排骨选新鲜的，确保每一锅炖品都原汁原味；其次是环境，店里的装潢要用心，冰砖、雪景等元素的设计让门店氛围在豪爽和粗犷中多了几分通透和精致，食客们仿佛置身于岁末年初的冰雪世界，不论外面是春秋冬夏。这些努力成就了山河屯铁锅炖的产品力，柯晶春明白，仅有产品力只能保证店铺经营良好，若想做大，实现自己做出名堂的愿望，还需要具备破圈的品牌力。

随着短视频和直播的发展，铁锅炖门店、菜品内容在抖音持续走热，柯晶春的饭馆迎来了真正意义上的走红，一大批美食达人和资深吃货被镜头中的优质菜品和特色装潢所吸引，慕名到线下门店打卡。最开始的食客大多是来自哈尔滨当地或者黑龙江省内的老乡，紧接着有了隔壁吉林省、辽宁省的邻居，直到铁锅炖的肉香和“智者不入爱河，铁锅只炖大鹅”这些顺口溜被年轻人侃成热梗，抖音上与铁锅炖相关的话题热度持续攀升，来自南方的游客也开始不远千里直奔这口铁锅中的美味。为了接住并服务好这波来自全国各地的巨大热度，除了进一步提升传统铁锅炖的品质之外，山河屯也开始着手按季节、食材类型和呈现方式等思路，创新菜品。比如，推出画风可爱的小雪人奶黄包，并独创了造型独特、口感绝佳且带有浓郁寒地黑土风情的面食锅出溜，这些新颖且受欢迎的美食不仅丰富了食客的用餐选择，更成为了山河屯品牌的新亮点，吸引着众多消费者前来尝鲜打卡，进一步提升了品牌的竞争力与影响力。店员们渐渐习惯了在抖音上分享一些门店日常经营、菜品、后厨的视频，品牌曝光度在这样日积月累的传播中逐渐走高。肉眼可见的数据增长，让柯晶春意识到当下潜藏的新机会，开始了在抖音上进一步的经营布局。现如今，山河屯铁锅炖在全国已拥有300多家门店，遍布深圳、哈尔滨、沈阳、北京、天津等市场。

柯晶春是新一代餐饮创业者的典型代表，他在家乡的餐饮氛围里长大，又接受了大量先进的经营理念，放不下对乡土的眷恋，又明白餐饮是个必须不断创新的行当，才掀起了一场又一场对家乡传统餐饮的革新。

（五）李希华：李氏汤圆创始人

在哈尔滨利民开发区，有一位杰出的女企业家，她以34年的不懈努力与深沉情怀，书写着黑龙江李氏自然食品有限公司的辉煌篇章，她就是该公司董事长李希华。

时光回溯到1990年，年轻的李希华怀着对美食的热爱和对创业的憧憬，创立了李氏汤圆品牌。当时的市场环境并不轻松，但李希华凭借着一股不服输的劲头和对传统美食独特的理解，决心打造出一款能够温暖人心的汤圆。她深入研究汤圆的制作工艺，从选料到研磨，从馅料调配到外皮制作，每一个环节都亲力亲为，力求做到精益求精。在创业初期，资金短缺、设备简陋、市场认可度低等问题接踵而至。李希华没有被困难吓倒，她四处奔波，寻找合作伙伴，争取资金支持；同时，她积极参加各类食品展销会，亲自向消费者推销李氏汤圆，耐心地听取意见和建议，不断改进产品品质。正是这种对梦想的执着追求和对品质的严格要求，让李氏汤圆逐渐在当地市场崭露头角，赢得了消费者的青睐。

在追求知识与自我提升的道路上，李希华从未停下脚步，她在2003年至2005年期间赴加拿大攻读商业专科，后又在2007年至2009年间在北京大学哲学系进修。这些学习经历，无疑为她在企业管理和战略决策中注入了更广阔的视野与更深邃的思考。

随着市场需求的不断增长，李希华意识到，要想让李氏汤圆走向更广阔的天地，必须在企业管理和产品创新方面下功夫。2013年，她创立了黑龙江李氏自然食品有限公司，开启了企业发展的新篇章。在企业管理上，李希华展现出了非凡的领导才能，她为企业制定了科学合理的中长期发展战略，明确了企业的发展方向和目标：首先，加强内部管理，引进先进的生产设备和管理理念，提高生产效率和产品质量；其次，注重人才培养和团队建设，吸引了一批优秀的食品专业人才加入公司，为企业的发展注入了新的活力。在产品创新方面，李希华始终坚持传统与现代相结合的理念。一方面，她坚守李氏汤圆的传统制作工艺，保留了汤圆的原汁原味；另一方面，她积极研发新口味、新品种，满足不同消费者的需求。除了汤圆，公司还推出了元宵、粽子、月饼、秘制酱菜、大黄米黏豆包、牛奶馒头、饺子等一系列具有中国特色和龙江风味的食品，丰富了产品线，提升了企业的市场竞争力。在李希华的带领下，李氏自然食品有限公司迅速发展壮大。公司先后获得黑龙江省著名商标、哈尔滨市著名商标、哈尔滨市名牌等多项荣誉，多次被评为3·15消费者信得过单位、市民最喜爱的品牌等。这些荣誉的背后，是李希华对品质的执着追求和对创新的不懈努力。

在稳固本土市场根基后，李希华将目光投向了更广阔的海外市场。凭借着对产品品质的严格把控和独特的口味，李氏汤圆及其他特色食品逐渐在海外崭露头角。起初，是一些海外华人华侨在品尝过李氏产品后，对其赞不绝口，并通过口碑传播，让更多的国际友人知晓了这一来自中国哈尔滨的美食品牌。在李希华的带领下，李氏自然食品开始积极参与各类国际食品展销会和文化交流活动，在展会上，李氏汤圆那软糯香甜的口感、精致的外观以及蕴含的中华传统文化元素，吸引了众多外国客商和消费者驻足。尤其是亚洲一些国家和地区，与中国饮食文化有一定相似性和交融性，李氏汤圆更是迅速获得了市场的认可，订单量不断攀升。

为了更好地适应海外市场的需求和监管标准，李希华带领团队在产品包装、保鲜技术以及生产工艺的标准化等方面进行了一系列的优化和创新。他们采用了环保、美观且符合国际潮流的包装设计，确保产品在长途运输和储存过程中的新鲜度和品质稳定性。在生产工艺上，李希华进一步细化操作流程，严格控制每一个环节的质量，使得产品能够批量生产且质量始终如一。在海外市场的营销推广上，李氏自然食品与当地的经销商和合作伙伴紧密合作，通过线上线下相结合的方式进行品牌宣传，利用社交媒体平台、美食推荐网站等网络渠道，向海外消费者介绍李氏汤圆的历史文化、制作工艺和独特口味；在线下，则在华人聚居区、超市、餐厅等场所开展试吃活动、促销活动，让更多的人有机会品尝到李氏汤圆的美味。如今，李氏汤圆已经成为许多海外家庭在特殊节日或聚会时的美食选择，它不仅展示着中华美食的魅力，也成为了中外文化交流的一个甜蜜纽带。

在企业发展的同时，李希华始终牢记社会责任，用实际行动回馈社会。她积极参与社会公益事业，关注弱势群体，为社会和谐发展贡献自己的力量。多年来，李希华安置了数百名下岗再就业人员，为他们提供了重新就业的机会，帮助他们重拾生活的信心。在自然灾害面前，她总是第一时间伸出援手。汶川地震、印尼地震、1998年抗洪和尚志抗洪期间，她累计捐款捐物近百万元，为灾区人民送去了温暖和希望。近十年，李希华从未间断对哈尔滨儿童福利院和第二福利院等机构的物资捐赠，总额累计达30多万元。她还作为女企业家协会的一员，跟随协会捐赠三所小学图书馆图书达千余册，为孩子们送去了知识和关爱。李希华的这些善举，不仅体现了她的爱心与担当，也为企业树立了良好的社会形象，她用自己的行动诠释了一个企业家的社会责任。

以匠心守初心，凭传承铸经典，借创新拓新天。李希华既坚守本土根基，又将目光投向海外；既珍视传统工艺，又融入现代巧思，她以小小的汤圆为载体，承载文化，传递情感，书写着李氏的传奇，成为食客心中难以忘怀的甜蜜记忆。

（六）张利：哈尔滨串吧、利思客创始人

2000年初从最早打工的饺子馆离开后，张利的第一份事业是在北京地坛十字路口的一个小档口里卖烤串。直到四年后，26岁的他拿着父母和女朋友帮忙筹来的10万元钱，才真正拥有了第一家完全属于自己的餐饮门店——哈尔滨串吧，名称中的哈尔滨取自张利的故乡——哈尔滨，赋予了哈尔滨串吧独特的文化基因。从最初的一家小店开始，哈尔滨串吧凭借其地道的东北烧烤和不断优化创新，迅速在竞争激烈的餐饮市场中脱颖而出。

哈尔滨串吧成为了烧烤爱好者的首选之地，生意越来越好。当时恰逢餐饮业的风口，很快哈尔滨串吧就诞生了第二家门店，40多万元的投入在开业后的第三个月就回本了，接着每年的营收成倍数增长。在朋友的推荐下，张利开放了加盟模式，没想到增长的速度远超想象，2015年哈尔滨串吧在北京、天津、河南、河北、山东等地共拥有了超100家门店，

一年的营收达3亿多元人民币。

然而在加盟连锁的赛道上，随着扩张的脚步愈发急促，这列快车开始感受到离心力的拉扯，速度带来的不仅是风驰电掣的畅快，还有失控的风险。一些门店虽然顾客络绎不绝，但账本上的利润却难以令人满意。餐饮品牌扩张到一定规模对企业各方面管理和运营要求更高，如团队管理、供应链建设、现金流管理等。张利开始深思熟虑，审视品牌发展过程中遇到的各种问题，例如分店数量的不断增加，食材供应的压力日益凸显等，这些问题都迫切需要一个规模更大、功能更全的中央厨房来满足日益增长的业务需求。

于是，哈尔滨串吧便有了烧烤供应链的布局，这是一个很好的方向，但也面临着艰难的挑战。对供应链工厂的投入需要不少资金，张利虽然在经营方面经验丰富，但在做供应链方面却实打实是个新兵。供应链是一个从无到有的过程，没有可以参考的模型或经验，只能靠自己摸索着前进。当时张利团队的成员都是从厨房出来的餐饮人，几乎没有做后端的经验，二者的差异让团队刚开始接触工厂端时一度陷入迷茫。后来张利意识到，用餐饮的逻辑来做后端的工厂和供应链是不可行的。在张利的第一次尝试中，将没有品控、没有质检、冷冻完成的串儿直接配送到各个门店，没多久便以关停告终。在第二次的尝试中，张利投建工厂，把控质检，并将中央厨房分为三部分，分别是仓库、生产和炒酱料的工厂，然而，商业主体内耗，产能过大，前端门店难以消化，工厂与前端门店模式结合宣告失败。此后，张利开始了第三轮尝试，重新选址、设计并投建工厂，标准化、集约化、规模化生产，优化流程，全面升级，并对外开放服务客户，分类供应。这次，烧烤供应链品牌利思客诞生。

目前，利思客拥有高质量产品生产能力，日产满产能达到100万串，已经与西贝、呷哺呷哺、盒马鲜生、麦德龙、喜姐炸串等众多知名餐饮和零售连锁品牌建立了合作关系。如今，张利已牢固确立了其在烧烤供应链领域的领导地位，从品牌经营到供应链管理，再到前端门店与后端工厂的协调运作，每一步都涉及不同的商业逻辑和运营智慧，需要创始人深刻理解，不断迭代优化，调整方向。从烧烤品牌到直营加盟，从小型作坊到供应链品牌，从哈尔滨串吧到利思客，张利是成功的，他的成功正是基于不断的探索与洞察时务的能力。

（七）周强、黄浩：米村拌饭创始人

10年间，从一个美食档口到全国1300家门店，周强和黄浩完成了从餐厅服务员到餐饮连锁品牌联合创始人的蜕变，把拌饭做成了风靡半个中国的餐饮品牌。

周强，1988年生人，年仅十六岁的他便在一家小型餐馆担任厨师学徒，历经从学徒到打杂、再到砧板工的岗位，最终晋升为厨师。2009年，他与在同一家餐厅工作的黄浩相识。22岁时，周强为了追求更高的收入，决定投身于创业之路。2010年，周强第一次创业“周记石锅饭”，因商铺消防问题，仅经营一上午就关了门，赔光了所有积蓄。出师不利并未让周强丧失斗志，同年，周强再次创业，抵押房屋贷款和弟弟周宁在大学美食城的档口创立

了“砂锅荷叶粉”，生意比想象中要好。同期，大学美食城又空出一个档口，周强决定和黄浩合作开店，米村拌饭的前身“一品石锅拌饭”开始经营。2011年，“一品石锅拌饭”的第二家店开业，2012年第三家店开业，2013年第四家店开业。

在打拼3年多后，周强和黄浩渐渐意识到，快餐业的核心在于餐食稳定的品质和快速的服务，但石板这一类餐食无法确保这两点，这种模式无法长久发展，必须寻找新的突破口。经过深思熟虑，他们决定开始研究拌饭品类。正是这个决定，成为他们事业的重要转折点。2014年4月15日，他们选择了一个120平方米左右的街边店开业，米村拌饭就此诞生。周强与黄浩二人当时并无开设大型餐馆的意愿，只是希望开设一家专注于米饭制作的小店。因此，他们将店铺命名为“米村”。后来，米村拌饭陆续在周边县级市拓展至七八家店铺，又在长春、牡丹江、沈阳、大连、哈尔滨等地开设了分店。

当门店数量增长至一两百家时，周强和黄浩遭遇了管理上的瓶颈。彼时，米村拌饭的厨师需要逐一培养，并且管理体系相对复杂，各门店顾客体验的不一致性导致顾客的满意度下降。显然，将米村拌饭推广至全国，当前的模式难以复制。于是，周强与黄浩着手对品牌经营进行深入剖析，他们发现，那些成功的连锁品牌门店运营往往具有操作简便、性价比高、产品种类多等特点。基于这些核心逻辑，他们开始调整门店运营的模式，第一项重要措施是精简厨师岗位。经过近一年的努力，他们成功地通过分解流程的方式优化了门店的产品操作，取得了显著的效果。

2021年，米村拌饭石锅拌饭制作技艺被列入吉林省省级非物质文化遗产代表性项目名录。同年，公司总部迁至沈阳，门店数量达到395家。经过10年的发展，米村拌饭已在黑龙江省、辽宁省、吉林省等地开设门店，数量突破1300家，员工超过3000人。周强与黄浩共同确立了一个新的目标，即至2028年底，门店数量达到一万家。

周强和黄浩秉承用民族饮食文化打造民族品牌的企业理念，以顾客至上、以员工为本，不断提升服务水平和产品品质，将米村拌饭的味道传播到了全国。

第二节　饮食享用者

有一群才华横溢的作家、一群品位独到的美食鉴赏家和一群创意无限的影视创作者，他们或对寒地黑土地区饮食文化的独特魅力深感兴趣，或是寒地黑土地区饮食的忠实享用者，利用自己的影响力，通过多种渠道和方式，积极地推广和传播着寒地黑土地区的饮食文化。

一、作家笔下的寒地黑土地区饮食

独特的黑土地文化哺育了几代作家的成长，它是作家成长的精神母乳。作家萧红、迟子建、阿成等的小说、散文创作都具有很浓的地域色彩，他们书写故乡的自然景物、风土人情和饮食文化，表达对故乡人与事的怀念和礼赞。

（一）萧红的童年食谱

宣统三年（公元1911年）农历五月初五，呼兰河畔降生一名女婴，她便是后来被誉为“30年代文学洛神”的萧红。自1940年1月起，萧红在香港居住了近两年时间，在此期间完成了她一生中最为重要的著作《呼兰河传》。在《呼兰河传》中，萧红以孩童纯真的视角描绘了呼兰河畔人们的生活图景，并详细描述了当地特色食物，例如手工制作的拉面、醋拌黄瓜丝、黄豆芽丝，以及母亲腌制的咸肉、姐姐晾晒的干鱼、哥哥上山狩猎后腌制的雁腿等。

《呼兰河传》描述了寒地黑土地区的人们喜食的黏糕。“一到了秋天，新鲜黏米一下来的时候，冯歪嘴子就三天一拉磨，两天一拉黏糕。黄米黏糕，撒上大芸豆。一层黄，一层红，黄的金黄，红的通红。三个铜板一条，两个铜板一片的用刀切着卖。愿意加红糖的有红糖，愿意加白糖的有白糖。又甜又香。”

萧红在呼兰度过的童年岁月，留下了对美食深刻而美好的记忆。她的祖父曾两次将不慎跌入泥坑或井中溺亡的小猪、小鸭，用黄泥仔细包裹后烤制给她品尝。祖父总是让她先挑选肉质鲜嫩的部分食用，待她享用完毕后，他才开始进食。萧红在品尝的过程中，手上沾满了油渍，便随手在衣襟上擦拭，而祖父仅是温和地提醒：“快蘸点盐吧，快蘸点韭菜花吧，空口吃不好，等会儿要反胃的……”

在萧红的笔下，呼兰的冬季呈现出一种粗犷的乡土气息，豆腐成为了补充植物蛋白的主要美食。《呼兰河传》中对食用豆腐的描绘如下：“晚饭时节，吃了小葱蘸大酱就已经很可口了，若外加上一块豆腐，那真是锦上添花，一定要多浪费两碗苞米大芸豆粥的。一吃就吃多了，那是很自然的。豆腐加上点辣椒油，再拌上点大酱，那是多么可口的东西。用筷子触了一点点豆腐，就能够吃下去半碗饭，再到豆腐上去触了一下，一碗饭就完了。因为豆腐而多吃两碗饭，并不算吃得多，没有吃过的人，不能够晓得其中的滋味的。”

在萧红的笔下，那些看似平凡的食物承载着浓厚的乡情与亲情，成为连接过去与现在的纽带。通过萧红的描述，仿佛能够穿越时空，品尝到那些令人垂涎欲滴的寒地黑土美食，感受到那份来自呼兰河畔的淳朴与真挚。

（二）迟子建的故乡吃食

迟子建热爱黑土地而沉醉其中，她用执着的笔一次又一次地书写她心中的故乡。阿来说：“有了如迟子建一系列文字的书写，黑龙江岸上这片广大的黑土地，才成为中国人意识中真实可触的、血肉丰满的真实存在。”

在迟子建所著的长篇小说《烟火漫卷》中，作者对哈尔滨人的饮食习惯进行了描述，以下为原文中的精彩片段：

哈尔滨人的早餐相对简单，但晚餐决不能马虎，餐桌若没一两样主打菜，似乎一天就白忙活了。菜市场从来都是主妇和保姆的天下，所以来这里的多为女性。哈尔滨人喜欢炖菜，尤其是晚餐，如果没有一样炖菜，肠胃都会和你过不去，总觉得缺了什么。炖菜是荤腥与蔬菜的狂欢，是牲畜王国与性灵世界在千家万户的美妙相逢。牛、羊、猪、鸡、鸭、鹅、鱼、虾、蚌、肉鸽，地上跑的，天上飞的，水里游的，都可挑起炖菜的大梁。铁锅、砂锅、钢精锅则是炖菜的家常器皿。哈尔滨人餐桌的炖菜，因时令不同而变换，长冬里最寻常的炖菜是酸菜炖白肉、鲶鱼炖茄子、牛肉炖柿子、羊肉炖萝卜、鸡肉炖蘑菇。春夏的炖菜则清淡些，多数人家灶台上"咕嘟"响着的，是排骨炖冬瓜、鲫鱼炖豆腐、五花肉炖豆角。到了秋季进补时节，本地的土豆、玉米、倭瓜、萝卜、白菜闪亮登场，因这里昼夜温差大、生长期长，蔬菜品质好，这时节的炖菜，就是它们的天下了。哈尔滨人的炖菜，最喜欢放的配菜是土豆粉丝，爽滑柔韧的它们脾性最好，是收汤汁的高手，也是食物中最美丽的窃贼，滚过哪道汤，哪道汤的精华便被吸附其中，深入骨髓了。

迟子建所著的散文《故乡的吃食》，生动描绘了寒地黑土地区独有的民俗节日及相应食物的景象，令人不禁垂涎。文章以朴实温厚的语言风格，细腻而不失华丽地展现了作者对故土的深情厚谊，以及童年记忆中的故乡风土人情。例如，在描述清明节时，作者提到鸡蛋"吃起来总觉得有股土腥味"，"我们争着吃饺子，有时会被大人们悄悄包到饺子里的硬币给硌了牙。当我们当啷一声将硬币吐到桌子上时，我们就长了一岁"。文章以寒地黑土地区特有的食物为核心，为读者呈现了一席色香味俱全的美食盛宴。文中所展现的寒地黑土地区独特的饮食习惯和味觉偏好，构筑了一种独特的文化氛围和精神象征，时时刻刻触动着读者的心弦。

（三）张抗抗的北大荒味道记忆

生于20世纪50年代的作家张抗抗，1969年前往北大荒农场，在此劳动八年。北大荒的风雪，黑土地人的豪爽，让她融入当地的文化中。在张抗抗的笔下，北大荒不仅仅是一片广袤的土地，更是孕育着丰富饮食文化的沃土。她写到那里的稀粥、大葱、红肠、烧鸡，以及独特的涮羊肉方式，每一种食物都承载着北大荒人的豪爽与热情，也记录着张抗抗在那里度过的青春岁月。

稀粥在张抗抗的描述中显得尤为特别。她在《稀粥南北味》中写道："大碴子粥的口感与大米粥很不相同。它的米粒饱满又实沉，咬下去富有弹性和韧劲，嚼起来挺过瘾。从每一粒籽里熬出的黏稠浆汁，散发着秋天的田野上成熟的庄稼的气息，洋溢着北方汉子的那种粗犷和力量。"

在《一个南方人眼中的哈尔滨》中，张抗抗写到了哈尔滨的饮食习惯对于她的影响："在哈尔滨住得久了，渐渐地，就觉得口味有了变化。变化自然是在潜移默化之中，诸如炒菜不放葱炝锅，就觉得菜不香；吃饺子没有蒜泥，就不算是吃饺子；喝酒若是不拌凉菜，那酒也没滋没味儿。"同时，张抗抗也介绍了哈尔滨的特色美食和饮食文化，如她写哈尔滨红肠"外皮皱皱如树皮，内部粉红色，带有熏肉香味，肥而不腻"，写烧鸡"焦黄油亮"，写吃锅子（涮羊肉）的特色在于锅底放螃蟹，以及各种肉类和海鲜的混合涮煮，展现了哈尔滨饮食文化中俄融合的特色和哈尔滨人对食物的热爱。

在《遥远》一篇中，从最初的不能接受，到后来的念念不忘，大葱蘸酱成了张抗抗饮食习惯中的一部分。这种变化，不仅是对食物口感的适应，更是对北大荒文化的一种融入与认同：“一开始觉得那酱有股怪味儿，吃着吃着，发现了大葱蘸酱的妙处——那生葱在嘴里嚼着嚼着，真的慢慢有了甜味……离开北大荒之后，我对大葱仍然念念不忘，它成为厨房里四季必备的佐料。开春时，甚至也热衷以鲜嫩的小葱蘸酱。北大荒对我的再教育成果，最终是以葱的形式体现出来。我被大葱所启蒙，逐渐入乡随俗，和北大荒达成默契。”

张抗抗虽然不是土生土长的寒地黑土地区的人，却用文字记录了她在北大荒的岁月里，那些深刻于心的味道记忆。她的笔触细腻，情感真挚，将北大荒的饮食文化描绘得栩栩如生。这些文字不仅是对北大荒饮食文化的记录，更是对那段青春岁月的怀念与致敬。

（四）阿成诠释的人间烟火味

阿成，原名王阿成，出生于黑龙江省哈尔滨市尚志市，著名作家，曾获得全国优秀短篇小说奖、鲁迅文学奖、蒲松龄短篇小说奖等多项奖项。“自有阿成，后世始识哈尔滨。”这是汪曾祺先生对阿成的评价。

《哈尔滨人》是阿成所写的关于哈尔滨的散文随笔集，由64篇文章汇集，独立成章。阿成在书中用细腻的富有温情的笔触呈现了哈尔滨的四时美食，梳理了哈尔滨的历史，追寻着城市的繁华旧影，描摹了形形色色的哈尔滨人，写尽了哈尔滨这座城市的魅力，读来朴实、幽默、平易近人。

《哈尔滨人》让读者感受到了哈尔滨多彩多姿的饮食文化，从大碴子粥到西餐红肠，体现了哈尔滨这座城市的包容接纳。阿成在《哈尔滨人》中谈美食、谈餐馆、谈食物的“腔调”，也借此烘托了哈尔滨人的性情与人生态度，以及一方水土造就一方人的情怀。在《哈尔滨人》中，阿成所提供的菜肴拼图中包括面包、红肠、啤酒、炖菜等，如此种种，中西夹杂，但无一例外都是市井百姓热爱的、接地气的饮食。书中以小食物写大情怀，以生活里平凡的一饭一蔬写一个都市、一方水土的秉性、气度、人生哲学。在城与人的缓慢互动中，食物的味道似乎最终会变得浅淡而轻飘，人们念念不忘的，大概是某件事、某段时间，一种情绪化的记忆。阿成在大的事件与小的动作中渲染一种情绪，一种哈尔滨人的共同记忆，这种写作引导着读者，在生动的情节中，观世间百态跃然纸上。

以下为原文中的精彩片段：

哈尔滨普通老百姓的早餐有粥有菜。比如炒一盘豆角或者茄子，再热几个馒头，当然也有咸菜。而这些咸菜大多是自家腌制的，像咸黄瓜、蒜茄子之类。用这种式样早餐的大多是老少三代人家，或者40岁以上的中年人家庭。他们希望生活有规律，有章法，他们更看重自己和家人的身体健康。他们似乎对每一天都很珍惜，很看重，因此每一顿早餐，他们都安排得井井有条。

有些老百姓的早餐就很复杂很讲究了。尽管在哈尔滨的确属于少数，但也确有人在。

他们是在早晨炖肉、炖鱼、炖鸡，煎、烹、炒、炸；在早晨包饺子，包包子。把一天的早晨处理得特别辉煌。像这样的人家，主妇、丈夫，甚至孩子都起得很早，大家聚在一起，热热闹闹地忙早餐，兴高采烈地说着话，收音机的音量也开得很大，个个都喜气洋洋的。倘若赶上年节假日就更热闹了。

总之，哈尔滨人的早餐在不同程度上体现了哈尔滨人粗犷、豪放的个性，也看得出气候及多元的文化结构、瑰丽的历史及新生活的渗透作用，都对哈尔滨的饮食产生不同程度的影响。总之，只要你到这个城市吃几顿哈尔滨式的早餐，你就会对这个城市的人有几分全新的了解。

阿成还有一部作品叫《舌尖上的东北》。在这本书里，阿成以他独特的笔触描绘了东北地区的饮食文化，展现了这片黑土地上的人间烟火味。书中详细记录了东北各地的特色美食，从家常小菜到街头小吃，从山珍海味到粗粮细作，无一不体现出东北人的热情与豪迈。作家肖复兴专门写了一篇散文来评价阿成的《舌尖上的东北》，名叫《美味和美文》，这篇文章高度赞扬了阿成对东北饮食文化的深情描绘。肖复兴提到，阿成的文字不仅让人垂涎欲滴，更让人心生向往，仿佛能够穿越时空，亲身感受那片黑土地上的风土人情。阿成以细腻的笔触，将东北的美食与人文紧密结合，让读者在品味美食的同时，领略东北人民的热情与豪迈。他笔下的每一道菜都仿佛有了生命，讲述着属于它自己的故事，传递着东北文化的独特魅力。肖复兴认为，《舌尖上的东北》不仅是一部关于美食的作品，更是一部关于生活、关于文化的力作，它让人们更加深入地了解了东北这片神奇的土地和那里的人民。

（五）肖于的《世间味道》

《世间味道》是一本东北美食散文合集，糖蒜、锅包肉、大拉皮、白菜猪肉炖粉条……每一种熟悉的东北菜背后，都有一个令人动容的故事。作者肖于从咸、甜、酸、辣、鲜香五种味道出发，写下一道道热气腾腾、鲜香美味的东北菜，写出了温暖、温厚的人情味。书中还包括了若干小人物的故事，他们勤劳、勇敢、有趣，在时代的起起伏伏中，他们用辛勤的劳动把苦日子过甜，把苦涩的生活变成诙谐、轻松的人间喜剧。

二、美食家口中的寒地黑土地区饮食

（一）美食家们中意的酸菜白肉火锅

美食家们对酸菜白肉火锅的钟爱，不仅仅在于其独特的口感与风味，更在于它所承载的文化内涵。在不同的美食家笔下，酸菜白肉火锅被赋予了不同的色彩与情感。

汪曾祺在《肉食者不鄙》一文中写酸菜白肉火锅：“白肉火锅是东北菜。其特点是肉片极薄，是把大块肉冻实了，用刨子刨出来的，故入锅一涮就熟，很嫩。白肉火锅用海蛎子（蚝）作锅底，加酸菜。”

焦桐在《暴食江湖》中描写酸菜白肉火锅：“酸菜白肉火锅接近野意火锅。东北的渍菜火锅为黑龙江特产。标准锅底是鸡汤，加上酸菜铺垫，将五花肉切得极薄，这两种食材乃精神标志，其他各式肉片，或蟹、大海米、粉丝、咸香菜之属俱为陪衬，锅身则须使用设有炭筒的特制锅，铜质、铁质皆宜。不过，锅具是有几分讲究的，一般使用传统的炭烧锅，中间为炉膛火口，炉子里置点燃的木炭，炉膛需大，由小烟囱上的圆铁盖控制火势；炉槽需宽，以容纳丰盛的菜肴。整体线条需圆滑流畅，才是值得欣赏的造型。”

（二）蔡澜笔下的五常大米

蔡澜对食物的挑剔与讲究是出了名的，但在《阿红靓米》一文中却对五常大米极尽赞美。在他看来，五常大米之所以如此美味，是因为其得天独厚的自然条件和稻农们的精心培育；五常大米不仅代表了东北地区优质的农产品，更成为中国饮食文化中的一颗璀璨明珠。以下为原文节选：

钟楚红的友人送给我一种东北五常地区产的白米，那真的可以说是我吃过的最好的白米了。我吃的那种是粒粒饱满，晶莹剔透，每一粒都发亮。种这类米得有上好的水源，是用龙凤山的矿泉水灌溉，而且周围五公里以上无污染，之前也从未施用任何化学肥料的。更进一步，需要纯正的种子，由水稻专家王象坤教授监管，严选最原始和最优良的米种，未曾受过基因转变的种子掺杂。五常在北纬四十五度，专家们称为水稻种植黄金地域，拥有营养独特的蓄热砂层，复合积碳型的黑土，以一年一季的成熟期，在昼夜温差强烈的环境下成熟。阳光也是极重要的，当地一年有2500小时的日照，种植区远离城市、工矿企业以及公路至少五公里。周围森林覆盖率高，生物类型多样化，造就美好优越的生态环境，形成有利于水稻生长的生态资源。至于耕种的稻农，都是一代传一代的专家，用最传统最古老的方式细心地培育出每一粒米，他们自觉性高，绝不妥协……希望有一天可以把这种大米送到全世界每一个食米国家去。

（三）白钟元口中的哈尔滨风味

白钟元是一位出色的主厨和美食评论家，2018年4月他与《街头美食斗士》节目组来到哈尔滨探寻地道美食。白钟元避开网红名店，深入街头巷尾寻找地道美食，并详细介绍当地历史、人文和菜式起源。节目中展示了烤冷面、得莫利炖鱼、大酱骨头、烤面包片、特色烤茄子、红油干豆腐、牛肉豆腐、锅包肉、红菜汤、包菜肉筋、豆腐包子、排骨肉包子、酸菜汤、坛肉、春饼、烤面包、酱骨、红烧肉等美食。白钟元还探访了多家当地受欢迎的餐馆和小吃店，包括亮亮小吃、老万饭馆、张包铺、美味坛肉馆、宋记榆林筋饼店、北三第一家老太太烧烤和富强大骨棒等。最后，白钟元提到哈尔滨机场的必做项目是买一份机场三轮车上的盒饭，感受哈尔滨人们的烟火日常。

白钟元带领节目组将哈尔滨的美食一一品尝，在镜头前他不仅展现了哈尔滨美食的色香味俱佳，更深入挖掘了每一道美食背后的故事与情感。从街头巷尾的小吃摊到当地人钟爱的老字号餐馆，白钟元用镜头捕捉了哈尔滨美食的多样性和独特性。他品尝的每一道菜看都仿佛是一个故事的开始，讲述着哈尔滨的历史、人文和地域特色。观众通过他的镜头，不仅能够感受到哈尔滨美食的诱惑，更能深刻体会到这座城市独有的韵味和风情。

三、剧中人餐桌上的寒地黑土地区饮食

（一）猪肉白菜炖粉条的故事

《我的团长我的团》中一场长达十多分钟的猪肉白菜炖粉条戏份，初看似乎混乱无序，却迅速在后续情节中给观众带来强烈的冲击。剧中一众人找到食材却不知如何烹饪猪肉白菜炖粉条时，东北人迷龙指出大家的做法不对。或许是勾起了乡愁，久离集体的迷龙也加入了烹饪队伍，一边做菜一边唱起歌："我的家，在东北，松花江上，那里有，我的爹娘……"最后一集，老年孟烦了自言自语道："我该回家了，猪肉白菜炖粉条，如今是我最拿手的大菜。"

当某一地方的饮食贯穿一部影视剧始终时，它就超越了单纯的饮食范畴，而成了一种象征。猪肉白菜炖粉条承载着的是孟烦了对所有逝去战友的深切怀念，这便是饮食的力量，总能在不经意间触动人心，引人泪下。

（二）周家人餐桌上的家常美食

改编自著名作家梁晓声同名长篇小说的《人世间》，不仅反映了中国社会的巨大变迁和百姓生活的跌宕起伏，还完美还原了寒地黑土地区人们餐桌上的美味佳肴。人间烟火处，柴米油盐中，温暖与感动悄然绽放。

第五集中，周秉昆得知猪肉供应试点可以买到半扇猪肉的消息，于是和朋友们兴高采烈地凑了钱。每个人都买到了一大块肉，因此"六君子"也正式结下了深厚的友谊。本来这精贵的猪肉是要等着周蓉回来过年时再吃的，但妈妈却提前给周秉昆炖了一碗红烧肉。瞧周秉昆看见红烧肉时那迫不及待的神情，就知道这道菜它不是一般的香。春燕和"六君子"初相识，春燕大方地自我介绍时，周秉昆在一旁嗑毛嗑儿（瓜子）的情景，实在是太接地气了。《人世间》中的很多场景都有毛嗑儿和花生的出现，坐在热炕头儿上边唠嗑、边嗑毛嗑儿、边说笑、边剥花生是很多人非常温馨的回忆。

第六集中，大年初三"六君子"在周秉昆家聚会，妈妈缓好了冻梨，桌上摆着冻柿子，咬上一口，拔凉的汁水甜味十足，虽然吃着冷，但人心很"热"。

第十八集中，周家一家人在分开很多年后第一次聚齐过年，周家人出门拜年后，郑娟已经在家里做好了菜。酸菜一出锅，热气腾腾，虽然屋外寒风凛冽，一进屋却处处飘香，喝上一口酸菜汤，暖意遍布全身，瞬间就化解了一天的疲惫。时值春节，周家全家在一起包饺子唠家常，其乐融融。包好又吃不完的饺子放在"天然冰箱"大雪壳子上冷冻，冻好的饺子像一个个小元宝，既方便储存，吃起来又鲜味如常。

纵观《人世间》，无论哪个年代，说到底吃的就是一股子热乎气儿。伴着扑鼻的香味，吃着热乎乎的美食，围在一起举杯畅饮，气氛一下子火热起来，这就是人世间浓浓的烟火气。

（三）20世纪80年代寒地黑土地区的美食记

随着网剧《漫长的季节》的播出，人们对于20世纪80年代寒地黑土地区餐饮美食的记忆同时也被唤醒了。对于那个年代的人们来说，食物虽然相对简单，却是人们日常生活中不可或缺的重要组成部分，也是人们对故土的深切记忆。悬疑只是外壳，生活才是真相。这部描写底层小人物的生活浮世绘，单拎出来每一集都是寒地黑土地区美食的宣传片。

很多人在开场第一集就被王阳闹着要吃的水捞饭给勾住了魂。作为东北人夏天最爱吃的这一口，水捞饭的前身就是高粱米水饭，就像那句民间俗语，“大米水饭咸鸭蛋，给个村长都不换”。

王响和龚彪算是桦林市的吃饭标兵了。王响为了感谢龚彪，特意请龚彪到自己家中，亲自下厨做了两道硬菜，其中一道菜就是工序繁复的锅包肉。王响一边裹糊油炸，一边不忘介绍锅包肉的江湖地位。锅包肉在东北主要分两派，即“黑吉老式糖醋锅包肉”与“辽宁新派番茄锅包肉”。这道起源于黑龙江的硬菜，黑龙江和吉林两省的做法都是把猪里脊肉拖了面糊炸得色泽金黄、口感脆爽，之后，烹上糖醋汁勾芡，上桌后醋酸味扑鼻酸香，肉片焦脆香酥。

殷红提到过，妈妈靠卖煎粉供她读书，自己长大后也曾想过要攒钱开个煎粉店。煎粉是吉林的特色小吃，需用勺连汤带粉地舀着吃，才能一口吃到粉的软滑筋道、汤的咸香酸辣。这些美食潜伏在剧中，引发了一代人的共鸣，寄托着人们对于故土的美好记忆，让这个以悲剧为底色的故事变得更加生动、鲜活，又不失烟火气。

（四）象牙山村人的饮食擂台

《乡村爱情》最爱拍“吃”。没有什么山珍海味，不过就是家常便饭。吃，是拉近观众距离感的最佳方式，而《乡村爱情》埋藏的笑料和矛盾大都发生在饭桌上。《乡村爱情14》更是将饮食摆在了核心地位。

为了促进乡村旅游，象牙山村举办了一个活动——舌尖上的象牙山厨神争霸赛。每家出一名参赛者，赢得冠军的选手还能拿到十万元奖金。东北菜能闻名四方，靠的是实实在在的传统手艺，还有地地道道的风土人情。

第一道菜，土豆饼，来自刘能的老伴。高端的美食往往只需要最简单的食材，土豆削皮后上锅隔水蒸熟，捣成土豆泥加面粉，再搭配葱花、胡萝卜碎等辅料，下油锅煎熟，一出锅就是香喷喷的土豆饼了。菜一上桌，刘能就迫不及待地夹起土豆饼咬了一口，当时两眼放光，拍板这十万元大奖稳了。

第二道菜，小鸡炖蘑菇，出自宋富贵之手。屋外大铁锅烧起，宋富贵做上了拿手好菜小鸡炖蘑菇。榛蘑浸泡清洗，走地鸡切块，锅内倒油放葱、姜、蒜去腥提鲜，鸡肉炒得金黄，添水放榛蘑，焖上半小时。一出锅，就能把人香一跟头。宋晓峰忙不迭地夹起一块鸡腿肉，一皱眉一抿嘴，直封老宋真正的象牙山食神。

第三道菜，王大拿的压轴大菜——浑水摸鱼。民俗菜系做起来相当需要工夫，首先，鱼要用七斤以上的胖头，东北当地特产，鱼肉敦实厚重有嚼头；其次，需要厨师功底深厚，没有在厨房磨个几十年的工夫很难一蹴而就。宋晓峰和王木生都慕名而来，只为拜师学艺。

吃，是门艺术，是种生活，而《乡村爱情14》就在以吃为核心，向观众展示东北美食文化背后的故事，有辛辣，有甜蜜，或辛酸，或苦涩……但，这就是生活啊。

第六章　寒地黑土地区餐饮品牌

第一节　餐饮老字号

2023年，商务部与多个部门联合发布了《中华老字号示范创建管理办法》（以下简称《办法》），《办法》对中华老字号的定义为：历史底蕴深厚、文化特色鲜明、工艺技术独特、设计制造精良、产品服务优质、营销渠道高效、社会广泛认同的品牌（字号、商标等）。此外，该办法将中华老字号的认定标准调整为品牌创立时间需达到50年或以上。迄今为止，商务部已公布了三批中华老字号名单，其中寒地黑土地区的餐饮企业入选数量较多，如新兴园、大罗新、秋林里道斯、新天地秋林、凤吉园、月亮八珍、老街基、宴宾楼、金春大酒店等均名列其中。鉴于篇幅限制，本文仅对第一批中华老字号中的部分品牌进行简要介绍。

一、老都一处

老都一处始建于1929年，中华老字号，是以哈尔滨特色小吃、东北菜为主的风味饭店，以其独特的三鲜水饺蜚声中外。三鲜水饺的饺子馅主料选用瘦肉型猪前槽部位，用鸡汤和馅，辅料有海米、海参、干贝、虾仁、香油、味精，不放葱、姜，按顺序调好后，撒一层新鲜蔬菜末，蔬菜则随季节不同而适时选用。老都一处对和面、包馅、煮饺子等环节都有严格的要求，饺子具有海鲜量大、皮薄馅匀、汤满汁足、松散软嫩、食之鲜美、香而不腻等特点。

老都一处经营的京式风味熏酱菜的煮酱香料和药料配方独特，如五香酱牛肉、熏鸡、熏猪肥肠、熏肚、酱口条、酱肘子、酱猪头肉和酱猪手等与饺子配食，相得益彰。老都一处负责卤酱名品的厨师名叫王银山，人称“王老五”，技艺精湛，手法娴熟，备受赞誉。据相关资料记载，王师傅制作的松仁小肚，即便切成极薄的薄片也丝毫不碎，口感独特，无论是凉食还是加热食用，都能保持其独特的口感，既不会显得过硬，也不会淌油。他制作的香肠，更是色泽鲜亮，瘦肉部分呈现紫红色，肥肉则沉实而不油腻；酱肉与酱肚软嫩适口，香味浓郁而不油腻。此外，他制作的烧鸡香烂嫩实，深受顾客的喜爱与追捧。

老都一处的各色佳肴均彰显出烹饪师傅们精湛的技艺与深厚的烹饪功底，确保了该餐馆在饮食文化传承方面的卓越地位，为众多美食爱好者提供了无与伦比的味觉享受。

二、大众肉联

哈尔滨大众肉联食品有限公司（简称“大众肉联”）始建于1913年，哈尔滨的第一根红肠就诞生于此。大众肉联连续多年被评为黑龙江省名牌，大众肉联的红肠制作工艺被列为黑龙江省级非物质文化遗产。

如果说每座城市都有独属于自己的味道，那大众肉联的红肠就是哈尔滨味道的代表。一根根饱含果木香气的哈尔滨红肠经历时间的打磨与沉淀，在历经百年的时光之后，依然以其独特的制作工艺和风味，赋予一座城市独特的韵味，写进哈尔滨人的记忆。

大众肉联生产的哈尔滨红肠以猪肉和牛肉为主要原料，配以天然香辛料腌制，再以明火果木烟熏制成漂亮、自然的枣红色，吃起来外皮焦脆，内里肉质醇厚鲜美。大众肉联始终坚持传统工艺与现代技术相结合，使得哈尔滨红肠的特殊风味一直延续至今，赢得了广大消费者的喜爱。

在消费者的心目中，大众肉联的哈尔滨红肠已不仅是一种备受人们钟爱的食品，还是东西方饮食文化交流融合的产物，是伴随人们成长的一种情愫、一份厚礼，更是一缕乡愁。

三、老鼎丰

自南派风味深植寒地黑土地区以来，拥有逾百年历史的中华老字号——老鼎丰，始终在传承与创新中探寻发展路径。

1911年，浙江绍兴的王阿大与许欣庭“闯关东”，在松花江畔的傅家甸正阳街（今老鼎丰靖宇街总店址）创办老鼎丰南味货栈。至20世纪30年代，其每日生产的糕点超千斤且当日便能售罄，老鼎丰在哈尔滨食品行业开始崭露头角。1956年，老鼎丰实行公私合营，虽经营模式转变，却保留了传统糕点的工艺与风味；2004年，老鼎丰完成从国企到民企的转型。

秘方是老鼎丰百年风味传承的核心，而资深的糕点工艺师掌握的传统技艺是其重要的无形资产。如今，老鼎丰仍保留手工制作川酥月饼的生产线。每逢中秋，经20余道工序、用传统模具定制的手工川酥月饼诠释着独有的老味道。老鼎丰的制作技艺讲究“糖为骨，面为肉，油如血”，凭此传承精神，老鼎丰入选首批中华老字号名单，并多次斩获“中国烘焙行业最具影响力十大品牌”“中国月饼行业龙头企业”等荣誉。

在长期的市场实践中，老鼎丰以严苛的原料筛选建立口碑。五仁月饼馅料讲究，选用广西桂林的优质青红丝；夹心面包中的新疆吐鲁番上等葡萄干、沧州的大枣、山西的苹果脯等原料均由专人在特定季节采购。老鼎丰坚持使用小桶装非转基因大豆油，从源头保障了产品的品质。

近年来，老鼎丰在坚守传统风味的同时持续创新。烘焙设备从燃煤炉、旋转炉升级为现代电脑控制平炉；糕点品种从140余种增至500余种、花式超1000种，月饼扩展至8大系列66套217种花式。改制后的老鼎丰引入现代化设备、深耕新品研发，先后通过ISO9001质量管理体系与HACCP食品安全管理体系认证。老鼎丰推出的红肠、熟食系列广受好评，冰糕、冰棍系列借助渠道创新与自媒体营销成为畅销品，销售网络覆盖全国多地。

目前，老鼎丰已建成9万平方米的标准化工业园区，配备9个现代化自动生产车间，员工超700人。老鼎丰在哈尔滨、北京、上海等城市自主建立80余家品牌专卖店，进驻200余家国际及地方大型超市，授权300余家国内经销商，并与多个电商平台合作开展网络销售，以全渠道布局，焕发写老字号的新活力。

四、正阳楼

哈尔滨的风干香肠与众多美食一道，诠释着这座城市的历史风味。哈尔滨风干香肠的起源可追溯至中华老字号——京都正阳楼。历经百年发展，正阳楼已从传统酱肉作坊蜕变为占地6万平方米、集肉制品加工与冷藏技术于一体的现代化综合企业。尽管时代变迁，其风干香肠承载的“百年风味”与“我做我吃”的工匠精神却始终未变。

20世纪初，山东掖县镙家村人宋文治迁居哈尔滨，在道外区北三道街转角开设肉铺。光绪末年，掖县西由镇的王孝庭自北京来到哈尔滨，在宋文治肉铺任店员。两人发现熟肉制品利润优于生肉，便凭借在北京习得的加工技术，创办以酱肘子为主打的京都正阳楼。1912 年，宋文治邀请内弟尹环加入经营，三家在合作中，始终坚持品质至上。以风干香肠为例，夏冬季节药材的配方不同，芪边桂、阳春砂等药材用量精准；精选精瘦肉配少量腰盘肉，经晒干皮、13天阴干及两道蒸煮工序方可上市。三人秉持“我做我吃”的原则，确保肉制品自己愿吃、敢吃，从而吸引了众多顾客。在当时，正阳楼就已经能生产卤肉、腊肉、干肠等20余种产品。

作为肉灌食品企业，正阳楼生产的风干香肠、松仁小肚等十余种产品，曾获国家优质产品、部级优质产品及中国食品博览会金奖等荣誉。但因体制与效益问题，企业一度陷入低谷。2010 年，黑龙江桐楠格集团注资收购正阳楼，在松北区利民开发区建设6万平方米的现代化厂房（建筑面积约1.8万平方米），打造融合传统工艺与现代设备的生产线，可加工50余种传统及现代风味肉灌制品。企业先后通过ISO9001/ISO22000等管理体系认证、两化融合体系认证，并荣获“中国肉类食品行业先进企业”“中华老字号”等荣誉。2024年1月，正阳楼传统肉灌食品制作技艺被认定为“省级非物质文化遗产”，传承人为正阳楼总经理吴桐。目前，正阳楼的产品已推广至全国10个省级行政区，渠道合作伙伴超100家，覆盖哈尔滨、沈阳、长春等城市。

在市场竞争中，正阳楼致力于焕发百年品牌活力。暑假期间，松北区正阳楼展馆吸引黑龙江省内外的中小学生前来研学，通过资深员工讲解，学生可体验制作并品尝风干肠、松仁小肚等食品；厂史博物馆记录着品牌发展的历史，展出菜单、账单等历史文物。借哈尔滨旅游热潮，企业将工厂研学与展馆体验融入文化旅游，传播品牌与城市历史文化。此外，正阳楼还针对年轻群体开发小份包装零食（如虎皮凤爪、干肠鸡脖等），通过网络平台销售，迅速获得市场的青睐。

五、福源馆

八月十五的月饼、端午节的粽子、正月十五的元宵、平时的小点心……福源馆几乎承包了吉林人一整年的美食。福源馆糕点在吉林家喻户晓、老幼皆知。福源馆总店位于吉林省吉林市繁华的河南街中段，以经营传统风味糕点而著称于世，至今已有三百多年的历史。福源馆始建于公元1628年，在当时是一个为二道码头放排工人提供茶点的小铺子。因其油茶和糕点的名气而生意渐隆，始立字号——埠源馆。1850年埠源馆扩建，改为福源馆。历经三百多年，福源馆糕点的加工技艺仍然保留着传统糕点手工生产的工艺特征，既保留了南式、京式糕点的文化元素，又融入了寒地黑土地区传统食品的典型风味，从而形成了鲜明的特色。

福源馆主要传承人已发展至第四代。第一代温汝真，将南派糕点带入福源馆，擅长南派糕点制作。第二代王玉岑，将南派糕点与北派糕点融合，擅长制作京式糕点。第三代王玉兰，将各种糕点固定配方和工艺统一，并在传统糕点基础上进行适当开发，增加了许多传统糕点品种。第四代传承人张云霞，擅长中式糕点制作，同时将西式糕点配方融入传统糕点工艺中。一代代福源馆传人，秉承“名师抱绝技、配方尚专调、上料慎考究、烤作极精致”的工匠精神，弘扬传统工艺，创新现代技术，以丰富的文化内涵、独特的工艺技术、优质的特色产品、完美的社会服务，使这家老字号誉延至今。

福源馆的糕点加工技艺，主要以面粉、油脂、糖、蛋、肉、乳品、香料、果仁、蜜饯、食盐、水等为原料，经掌案师傅分剂、按坯、包剂、摆盘，面案师傅和炉上师傅经道道工序精益求精地制作完成。福源馆主要产品有月饼、元宵、油茶、三糕、三酥、绿豆糕、粽子、火腿、香肠、西点等。福源馆的糕点加工技艺，2007年被列入吉林省省级非物质文化遗产代表性项目名录。

“天上的月儿圆又圆，福源馆的月饼甜又甜”，福源馆月饼先后多次被评为中国月饼文化节的“金牌月饼”“特色月饼”“中国名饼”“中国特色月饼”等。福源馆的招牌——京式提浆月饼用糖浆调制而成的饼皮包馅，口感韧酥；五仁月饼和翻毛月饼则是其经典品牌。福源馆的汤圆馅料考究、工艺精湛，香甜软糯；传统糕点如京八件、菊花酥、春秋酥、四季酥、竹节酥、大虾酥、牛舌酥、绿豆糕、梅花蛋糕、金丝糕、麻花、江米条等，唤起的是儿时的记忆和难忘的家乡味道。

“宁毁十炉，不省一过”，福源馆要求每一个产品都必须完美，恰当的火候让各种原料在加工中焕发出独特的魅力，让各种荣誉实至名归。福源馆的糕点承载着一座城市百姓的老故事、老味道、老记忆。三百多年的坚守、传承和创新，诠释了福源馆的生产营销理念——“把幸福带回家”。

六、杨麻子

1896年，河北抚宁府人氏杨玉田闯关东落户于白城洮南市，为养家糊口，以摆摊烙饼为生。他施展了从小在抚宁集上跟打饼师傅学来的独特制饼技艺，经过秘方调制，经他手烤出来的烧饼香气回肠，由此声名鹊起，于是定字号“玉田饼铺”，人称“杨家大饼”。因杨玉田自幼患天花，面有微麻，故人们又称其饼为“杨麻子大饼”。

杨麻子大饼第二代传承人——杨庆得其真传，烧饼生意愈加兴隆。第三代传承人——

杨福贵承继祖业，博采众长，推陈出新，形成杨麻子大饼、杨麻子火勺、杨麻子馅饼、杨麻子烩饼等二十余种名牌系列产品，经营至今，长盛不衰。杨麻子大饼不仅在辽宁省、吉林省、黑龙江省、河北省、山东省等地设有一百多家分店，而且在东南亚的面点业同样享有盛誉。

杨麻子大饼配方独特，选料精良。大饼的传统制法是以炭火为炊，上有吊炉烘烤，下有平锅煎烙，上下同时受热，色泽金黄、馨香诱人，提起成条、落下成饼。食之外焦里嫩、香脆可口、油而不腻、回味无穷。

2001年，在杭州举办的第二届中国美食节名菜名点大赛中，杨麻子大饼荣获中华名点金奖；在吉林省第三届吉菜美食节中，杨麻子大饼荣获“天景杯”吉菜金奖；2003年，在吉林省第五届净月先锋杯吉菜美食节中，杨麻子大饼被评为“吉菜创新奖”；2004年，在成都举办的第五届中国美食节中，杨麻子大饼荣获“金鼎奖”。杨麻子大饼制作技艺第三代传人杨福贵由此被誉为“全国饼中之王”。2011年，杨麻子大饼制作技艺被吉林省列为省级非物质文化遗产代表性项目，杨福贵被命名为省级非物质文化遗产代表性传承人。

现如今，杨麻子大饼在第四代传承人的带领下，秉承“百年老号，祖传正宗，华夏特色，神州美食，面向大众，质优价廉”的理念，薪火相传，历久弥新。

七、鼎丰真

提起长春的本土老字号，鼎丰真是最具标志性意义的存在。逢年过节，长春老百姓有个挥之不去的鼎丰真情结，“想吃好糕点，就上鼎丰真”成了一句在当地流行的口头禅。

许多长春人对月饼的认知就是从鼎丰真开始的。鼎丰真以传统工艺生产京式提浆月饼而闻名，提浆月饼饼皮松软、耐储存，咬上一口，月饼馅中的油带着馅料的香味融入皮中，浓郁的籽仁与淡淡的果脯清香浑然一体，醇厚香甜的味道萦绕在舌尖。香绵酥甜的味道，飘荡在每一个长春人的童年岁月中，勾起一段甜蜜的回忆，结成了一份浓浓的乡情。百年口碑的奠基，让鼎丰真在百姓心中拥有不可撼动的地位，享有“糕点之王、月饼之冠、汤圆之最”的美誉。

清朝末年，有一个名叫王信瑞的年轻人在长春做跑堂小伙计，他看见一位老人倒在路边，不顾店老板的坚决反对，收留了老人并悉心照顾。后来得知，这位老人是一位浙江果品师傅，兵荒马乱之中来长春寻子，无奈因病流落长春。王信瑞的救命之恩让老人十分感动，将毕生所学悉数传授给他。1911年，王信瑞在长春大马路与四马路十字路口处建起了大作坊，取名鼎丰真，从此繁华的街道上便多了一家热闹的店铺。在当时的长春，糕点铺还较为罕见，市面上的小吃大多由饭店、烧饼铺所提供，而寒地黑土地区盛产粮豆，农家院的鸡蛋也比较便宜，好的原材料遇上好的手艺，就变成了鼎丰真独一无二的美味糕点。王信瑞的糕点一上市，就在长春畅销起来。自他之后，鼎丰真的匾额历经百年风雨，成为长春为数不多的老字号中一块闪亮的金字招牌。

鼎丰真这个名字不仅朗朗上口，字里行间也有着更深一层的寓意——“鼎”即古代的炊具，象征生意的吉祥如意，红红火火；“丰”则昭示着五谷丰登；“真”则标示着诚信为本，货真价实，童叟无欺的经营理念。

当年，每天天还未亮，王信瑞就带着伙计们一起生炉子、配料、熬糖。在质量这一关上，他一丝不苟、严格控制，绝不放过每一道加工工序，揉不好的面绝不入炉烘烤，烤焦、烤糊的产品绝不出售。在百年的发展历程中，鼎丰真在市场经济浪潮巨大的冲击下，也曾面临生存危机，但也是这一份“真”让鼎丰真在继承传统工艺的基础上，进行股份制改造，向现代企业开始迈进，成立了长春市鼎丰真食品有限公司，开始了鼎丰真崭新的时代。如今，鼎丰真在长春拥有多家门店，制作的各式糕点达600余种，既有深受百姓喜爱的传统糕点，也开发了西式糕点等系列食品。

来长春旅游，热心的长春人总会给游客推荐鼎丰真的糕点作为长春特色手信带回家。这种香酥厚重的糕点，就像是长春人热情、敦厚的性格写照。

八、李连贵

每天清晨，吉林省四平市的大街小巷就会弥漫着一股带有中草药芬芳的奇异肉香。时光流转，这个香气已成为人们难以割舍的记忆。当家中迎来贵客，或是味蕾感到乏味，渴望品尝一顿丰盛的美食时，人们首先会追寻这缕奇异肉香的源头，共赏一顿李连贵熏肉大饼。

1895年，李连贵在吉林省梨树镇开设了一家主要供应熟食的酒店，字号为“兴盛厚”。当时常有宾客临门，其中一位久负盛名的老中医向李连贵献策道：“欲使煮肉滋味醇厚，需依此法而行，定能确保您生意兴隆，传世不绝。”随后，这位老中医将一纸药方递予李连贵，上面详列了九味中草药。李连贵依照老中医的药方精心研制，所煮之肉果然芬芳四溢，吸引了远近众多的食客。由于生意规模日益扩大，为了满足更多食客的需求，李连贵又采用了熏烤之法，从而使熟肉的风味更加独特，别具一格。此外，他还别出心裁地搭配了以煮肉汤调制的香酥大饼，二者相辅相成，美味可口，受到了食客们的一致好评。

由于李家的酱肉品质上乘，色泽鲜艳，口感酥烂且香气四溢；大饼则柔软可口，层次分明，酥脆诱人，深受食客赞誉，因此，李连贵的生意在梨树镇极为红火，食客络绎不绝，门店时常座无虚席。为顺应时势，李连贵遂将招牌更换为“李连贵熏肉大饼店”。

1924年，李连贵不幸离世，其养子李尧继承父业，携带祖传的老汤从梨树镇迁至四平市，开设了四平李连贵熏肉大饼铺。随后，李尧又在四平市道东北市场增设了一家分店。1950年，李春生（李尧之子）继承祖业，肩负传承重任，携带老汤将李连贵熏肉大饼店开到了沈阳市，在繁华的中街西头开起了新的饼铺。1984年12月30日，四平市饮食服务公司正式向国家商标局提交了“李连贵牌”商品商标的注册申请，此举标志着该品牌首次获得官方独家注册，进而确认了李连贵熏肉大饼作为“李连贵牌”商标唯一合法使用者的法律地位。

昔日的单一店铺，如今已发展成为拥有超过10家直营店和300余家连锁店的大型集团。历史悠久的李连贵品牌，历经百余年岁月，其独特的香气依旧吸引着顾客，店铺生意兴隆。

李连贵熏肉大饼始终坚持采用传统工艺和秘制配方，确保熏肉色泽棕红、皮肉晶莹剔透、肥而不腻、瘦而不干；大饼金黄、圆润如满月、层次分明、外皮酥脆内里柔软、风味浓郁，成为中华美食的标志性代表。

第二节　名店名品

从百年传统到新锐先锋，寒地黑土地区的名店名品百花齐放，为中华饮食文化注入了无限活力。追逐新消费的浪潮，寻找能让亿万国人最能看懂、最喜爱的寒地黑土元素表达方式，黑土地上的餐饮店铺与品牌，正在继续讲述它们的精彩故事。

一、老厨家与锅包肉

追溯老厨家的历史渊源得从1885年说起。当时北京东城东华门大街，有家中档酒家开张，店名为“真味居”，店主名叫郑兴文。清末时期的北京正是社会宴饮风气大盛的时期，真味居生意兴隆。郑兴文1907年从北京来到哈尔滨，出任滨江关道膳长，服务于十数任道台（道尹），于1920年卸任。1922年，他与其子义林在哈尔滨道里区中国十道街以“京都真味居”字号重新开业。1930年左右，“老厨家”作为店名正式启用。当时的老厨家规模不大，但经营得很有特色，把滨江官膳与本土民间风味相结合，别出心裁，巧制新馔。

2000年3月11日，老厨家第四代传人郑树国、郑树森兄弟二人在哈尔滨市重新树起老厨家这块百年餐饮品牌，把郑家的百年厨艺和独特的家传美味奉献给社会和人民。2024年5月，老厨家旗舰店开门迎客，这是老厨家在哈尔滨的第十家门店。

锅包肉，作为老厨家的招牌菜，其历史可追溯至光绪年间，由郑兴文首创。当时，滨江关道作为北方的重要行政中心，府衙频繁举行宴会以招待外国宾客。鉴于外宾偏好酸甜口味，时任道台府的主厨郑兴文于1907年对传统的焦炒肉片进行了创新性改良。他将原本的咸鲜风味转变为酸甜口味，并用水果替代了原有的葱、姜、蒜等配料。这一创新性的调整诞生了新的菜品，郑兴文根据其烹饪方法将其命名为“锅爆肉”，随着时间的推移，该名称逐渐演变为现今人们所熟知的“锅包肉”。1922年，经郑义林建议，将锅包肉中的水果配料去掉，并恢复添加姜丝、葱丝、蒜片、香菜梗，这就是传承至今的哈尔滨锅包肉的做法。

老厨家餐厅不仅供应其原创的锅包肉菜品，近年来，更创新性地推出了水果锅包肉、锅包牛肉等新口味，为食客提供了味觉上的新体验；同时，该餐厅还推出了全国首创的鲜酿堂烹啤酒菜系列，以及自制的哈尔滨四大经典灌肠。此外，顾客亦可在此品尝到哈尔滨历史上的三大名饮——老啤酒、格瓦斯和小米布扎。食客在品尝老厨家独具特色的“华洋大菜”的同时，往往会产生一种时空穿梭的错觉。那些遍布于餐馆的哈尔滨历史元素，以无声的方式，叙述着这座城市的历史与变迁。

二、张包铺与排骨包子

1902年，张仁在哈尔滨开设了一家专营老家天津风味包子的小型餐馆。鉴于店主姓张，该餐馆便以“张包铺”命名。当时，该店未悬挂任何招牌或牌匾，仅在玻璃窗上贴有“张包铺”三个字。直至1935年，该餐馆在工商管理部门正式注册，成为哈尔滨市最早的中餐饭店之一。如今，张包铺的所在地已经摇身一变，成为了充满历史韵味的中华巴洛克历史文化街区，古色古香的建筑与现代都市的繁华交相辉映，更增添了这家老店的魅力。走进店里，仿佛穿越回了百年前的老哈尔滨，室内的木质桌椅、老照片墙等充满了怀旧的氛围。午餐时分，这里总是一座难求，热闹非凡，充满了市井烟火气。

该店的招牌产品为风味排骨包子，其特色在于包子内嵌入整块小寸排。馅料采用传统秘方，精选新鲜猪肉精排、猪瘦肉、洋葱、甜面酱及逾二十种具有去腥、解腻等功效的药材。甜面酱经过独特的发酵工艺，具有促进食欲之效。馅料中还融入了百年老汤，该汤以老母鸡、大骨棒等为原料，每日至少经过5小时的慢火炖煮。手工擀制面皮，厚度均匀，无破损，确保蒸制后能充分包裹馅料，呈现饱满圆润的外观。张包铺的包子由有两年以上经验的技师制作，每个包子拥有15～20个褶皱，皮薄馅足。品尝时，肉骨的鲜美汁液随咬合瞬间溢出，排骨炖煮至软烂入味，骨髓中亦充满鲜汁。包子皮质地柔软且富有弹性，充分吸收了排骨汤汁，鲜香可口。

三、老仁义与牛肉蒸饺

在哈尔滨的悠悠岁月里，有一段关于味蕾与情怀的百年传奇——老仁义。1912年，老仁义由佟玉新创办，以牛肉蒸饺名噪一时。小店本无名，因诚信经营而得名。顾客题词“仁义”二字，遂命名“仁义馆”，并于中华人民共和国成立后更名为“老仁义”。

老仁义一直坚持传统的工艺和选料，百年不变，具有鲜明的哈尔滨清真餐饮特色，代表哈尔滨餐饮行业屡获殊荣，两次夺得全国烹饪餐饮行业最高奖项——金鼎奖，先后被评定为“哈尔滨老字号”和“龙江老字号”，并被黑龙江省和哈尔滨市分别认定为省级和市级“非物质文化遗产”，是哈尔滨城市地标级的美食名片。

荣获中国金鼎奖的牛肉蒸饺，源于家族传承的独特配方与工艺，其鲜美的汤汁与香而不腻的口感，成为哈尔滨人心中难以忘怀的传统风味。老仁义在选材上遵循严格标准，专选四至六岁的小乳牛肉，且仅限于上脑、腰盘、尾根等优质部位，绝不以次充好。在面食的制作上，老仁义选用道外双合盛的砂愣面，因其色泽优良、筋力强劲、透明度高而备受青睐，再搭配太古六道街张桂林家地道的山东菜、新鲜现磨的小磨香油，以及兴南酱园特制的酱油，确保了食品的独特风味与高品质。为维护产品的真实性和独特性，老仁义馆每日采购均有限额，牛肉及牛肚的采购量控制在百斤左右，售罄即闭店。至今，老仁义仍流传着一套口诀，概括了其经营哲学：“标准选料，过日扔掉，定额进肉，卖完拉倒，今日由次，闭店停灶，优质保量，供好主道。”

作为一家恪守商业道德、重视信誉的餐饮企业，老仁义馆在制作牛肉蒸饺方面积累了丰富的经验。在馅料的调配过程中，该店特别注重季节变化与配方比例。具体而言，在春冬季，为了确保肉馅质地的柔嫩，他们会预先将剁碎的肉馅用特定的料水进行浸泡处理，在配制蔬菜馅料时，会根据季节性蔬菜水分含量的差异进行调整；在夏秋季则避免在肉馅中添加水分。在面团的制作上，老仁义采用开水烫面后，再加入适量的干面粉以达到适宜的软硬度，并确保每个饺子剂子大小均匀，方便快速擀制和捏合。在蒸制的过程中，老仁义严格遵循每次仅蒸制一屉的原则，严禁叠加两屉，并且每屉所摆放的一百个饺子需保持一定的间距，数量上既不可多亦不可少。饺子出锅时，需双手轻提饺子边缘，然后逐个拣至盘中，确保摆放整齐、端正，并趁热提供给顾客。蒸制的关键在于火候的掌握，老仁义馆坚持“三分制七分火”的原则，对灶具的维护要求极高，每三天更换一套，且使用的煤炭必须是抚顺产的块煤。

老仁义以深厚的历史底蕴为根基，以创新精神为驱动力，历经五代人的传承，如今已发展成为哈尔滨清真餐饮业的领军品牌。老仁义在国内多个省会城市开设了连锁分店。在老仁义，顾客不仅能够品尝到具有百年历史的传统风味，更能深刻体验到该企业对传统工艺和“仁义”经营理念的坚守与传承。

四、春发合与雪衣豆沙

位于长春的春发合饭庄，以其正宗的东北风味、丰盛的菜品和亲民的价格吸引了大量食客。作为一家拥有百年历史的老字号，春发合饭庄如今是美食爱好者追捧的网红餐厅。为了保留老顾客的美好回忆，春发合饭庄持续致力于传统烹饪技艺、传统东北菜风味的传承。

春发合饭庄于1935年建店，1956年公私合营后收归国有，1966年更名为“三道街饭店”，1985年划归长春市饮食公司重庆饭店，并恢复最初的店名“春发合饭庄”。

由于这里的菜品物美价廉，春发合饭庄从来不缺食客。通常情况下，一家三口的用餐消费不足两百元，且常有剩余食物需要打包。在该饭庄用餐，能够唤起人们对20世纪80年代在餐馆享受流水席的回忆，这为当代人提供了一种独特的用餐体验。春发合的经营哲学为“以诚信铸就品牌，以品牌推动发展”，其领导者董恩莉坚守该理念，与春发合共同走过了半个世纪。正是这种坚持，使得这家百年老店不仅未在历史的长河中消逝，反而愈发焕发出新的活力，与时俱进，日益兴盛。

春发合主要经营老式吉菜，招牌菜有雪衣豆沙、锅包肉、香酥鸡、炒合菜等，其中，雪衣豆沙颇受游客的欢迎，尤其受到孩子们的喜爱。这道菜迄今已有百年历史，雪衣豆沙的色泽洁白，似朵朵棉桃，吃前撒上白糖，故得此称。雪衣豆沙的外面是炸过的白色外皮，里面是绵密的豆沙馅，采用松炸的烹调方法制成，看似简单，做起来却烦琐之至。白色的外皮其实是打成了泡沫状的鸡蛋清，在行话里称为蛋泡糊。在炸制中因其底部受热膨胀，雪白的豆沙球在油中自动翻转不停，极富趣味。这道菜口感细腻绵软，甜而不腻，让人回味无穷。它还承载着东北人的乡愁，让远在他乡的游子们在吃到这道菜时，能够感受到家乡的温暖和甜蜜。

五、真不同的“三绝”

作为长春市餐饮业老字号，“真不同”的原名为“同发涌”，由胡运昌创立，享有“百年真不同，半部长春史”的美誉。该店被吉林省商务厅评为第四批“吉林老字号”。目前，真不同以经营具有独特风味的熏酱肉食和传统东北菜而著称，其酱肉产品融合了南北风味，以卓越的品质和不断创新的品种深受消费者喜爱，成为长春酱菜行业的佼佼者。长春许多家庭几代人都以享用真不同酱菜为乐，共享家庭的温馨时光。1981年，真不同酱菜的40个品种被收录进《吉林菜谱》，其中，真不同的酱肉、熏肉、扒鸡、烧鸡、叉烧肉、熏小肚、砂仁肘子、熏牛肉干、葱熏黄花鱼等菜品，突出地展现了地方特色。著名的吉菜大师、吉菜文化创始人唐文曾这样赞誉真不同：“吉菜真不同，地道长春味”。

2002年，真不同的风味小肚、金丝卷、砂仁猪手荣获“中国名菜”和“吉菜金奖”等荣誉。2019年，真不同作为吉林省老字号的杰出代表，应邀参加了“中华老字号，故宫过大年”活动。在长春，若挑选具有地方特色且美味的伴手礼赠予亲友，真不同酱菜无疑是值得考虑的选择。

真不同“三绝”——风味小肚、金丝卷和肉焖子是该品牌引以为傲的代表性美食。风味小肚以其鲜嫩紧实的肉质、恰到好处的咸淡，以及淡淡的烟熏风味而著称。2019年12月，真不同的风味小肚被中国饭店协会收入“中华老味道”名录。在食材的选择上，真不同坚持甄选优质原料，风味小肚的香气融合了肉香、底料的自然香气，呈现出熟悉而又带有新派惊喜的味道。金丝卷则以金黄软糯、回味悠长的口感，成为品尝人间烟火的佳品，它沿用传统工艺和配方，保留了鲜活的生活味道，独特的风味得以传承至今。热腾腾的肉焖子以鲜美的馅料、润泽的皮层以及精肉馅和鸡蛋液蒸制而成，历久弥新，回味悠长。

六、回宝珍饺子馆

回宝珍饺子馆作为一家历经沧桑的餐饮老字号，承载着无数人成长的记忆，见证了城市的演变历程，具有丰厚的历史文化底蕴。该店位于长春市的长通路，外观装饰虽朴实无华，但招牌上醒目的“中国名点”“百年老店”黑底烫金字样，使其在众多老字号中独树一帜，引人驻足。

回宝珍，作为回宝珍饺子馆的创始人，于1897年生于河北省青县新集镇的一个农民家庭，幼年时母亲去世。1908年，回宝珍随父亲迁至哈尔滨。1920年，23岁的回宝珍与他人合伙在哈尔滨道外五道街开设了一家炒菜馆，然而生意并不理想。在炒菜馆对面，有一家饺子馆生意兴隆。两家饭馆距离如此之近，生意却有天壤之别，这引起了回宝珍的好奇。为了探究原因，回宝珍化装成顾客，对饺子馆进行了细致的观察，发现其饺子馅具有独特的风味。当时，那家饺子馆的调馅师刘子清因急需用钱，向掌柜提出了预支一百元工钱的请求，却遭到拒绝，愤而辞职。回宝珍得知此事后，主动邀请刘子清担任本店的调馅师，不仅立即预支了一百元工钱，还承诺给予更高的薪酬。刘子清深感回宝珍的诚意，遂将祖传的选肉、调馅秘诀毫无保留地传授给了回宝珍。自此，回宝珍的饺子馆生意日渐兴隆。

1924年，回宝珍在饺子制作领域已积累了四年的丰富经验，由于生意兴隆，生活达到了丰衣足食的水平。然而，不幸的是，回宝珍在长春经营炒菜馆的兄长因病辞世。在处理完兄长的丧事之后，回宝珍不得不离开哈尔滨，接管了兄长在长春的商业事务。1925年，回宝珍将店铺迁至长春最繁华的新民胡同，并开设了回记饺子馆。他采用了刘子清传授的馅料调配方法，并根据顾客的反馈进行了相应的改良。例如，精确控制瘦肉和蔬菜的比例，以及花椒水的使用量，从而使得饺子的馅料饱满且质地细嫩。凭借公道的价格、热情的服务，回记饺子馆迅速在长春打响了名声。无论是南来北往的旅人还是客商都在回记饺子馆来上几盘饺子，再搭配半斤烧刀子酒，满足口腹之欲。在鼎盛时期，回记饺子馆每天可售出150千克面粉制成的饺子，日均接待顾客量达到千人之多。

在20世纪90年代，回宝珍逝世后，麻铁君肩负起传承的重任。他严格遵循饺子馅料的传统秘制配方，确保食品风味的纯正，以此维系顾客的忠诚度。与此同时，针对顾客需求的多样化，麻铁君创新研发了超过十种新型馅料。在麻铁君的悉心经营下，回宝珍品牌得以焕发新的生机与活力。

回记饺子以其选材考究、工艺精湛而著称。在饺子的制作过程中，必须严格遵循特定的投料标准，采用陈年老汤和精心调配的馅料。回记所有的饺子均为手工现包，确保了每个饺子尺寸均匀、皮薄边窄、肉质丰盈、馅料细腻且鲜嫩，汤汁肥美。回记饺子的种类繁多，包括全牛肉、全羊肉、牛肉茴香、牛肉芹菜、羊肉冬瓜、韭菜虾仁等多种风味。特别值得一提的是其招牌牛肉茴香馅饺子，每一只都具有薄皮大馅、油脂丰盈、汤汁充沛的特点，尝上一口，浓郁的饺子香气溢满口腔，仿佛传递着家的温馨与记忆。

七、正红旗烧鸽子

1636年，伊通烧鸽子创始人为了躲避战乱，举家迁徙到东北，选在伊屯（今伊通满族自治县）定居下来，并将烧鸽子的秘方和整套烧制工序带给了当地的父老乡亲。从此，伊通人掌握了这一特色食品的制作工艺，代代相传。岁月悠悠，大浪淘沙，伊通烧鸽子经过历代传承，经久不衰。

烧鸽子的特点是外焦里嫩，肉香扑鼻。金黄色的外皮上洒满了香料，而内部的鸽子肉则保持了原始的鲜嫩，让人一见便食欲大增。一口咬下去，肉质细腻，口感丰富。伊通烧鸽子已成为八方来客返程必带的地方特色美食。许多来伊通旅游的人，都是冲着伊通烧鸽子而来的。游客在品尝其鲜美滋味的同时，也深刻体验到伊通文化的独特魅力。2021年，伊通烧鸽子被列入吉林省第五批省级非物质文化遗产代表性项目名录。

正红旗烧鸽子的老板名叫赵辉，又名赵海程，1971年生人。从1990年开始，赵辉的父亲赵维舟及家人在伊通县开设正红旗烧烤店，其间赵辉全面掌握和学习烧鸽子的制作工艺和秘诀，并不断发展和创新。2006年10月，为了寻求更大的发展平台，赵辉及其族人放弃伊通的小烧烤店来到四平市发展。2007年5月，赵辉在吉林省四平市开设了第一家正红旗烧鸽子店，自此，正红旗烧鸽子开启了全新的连锁、品牌化发展新篇章，实现了品牌的快速发展，在积累好的口碑的同时，还积累了经营经验，为后续发展打下了基础。2009年3月，正红旗烧鸽子店升级成为正红旗餐饮有限公司，正红旗烧鸽子不但得以传承，还越做越大，成为影响全国的美食品牌。2019年4月，正红旗从烧鸽子专门店升级成为具有民俗展览馆功能的餐厅，成为地方文化的重要符号，也成为了网红打卡地。

正红旗烧鸽子的烧制工艺经代代相传和后人不断改进后，形成了独特的“选、型、煨、烧、烤、品”六大工序十二个流程，确保了烧鸽子“外焦里嫩、骨里透香”的绝佳口感。正红旗烧鸽子入选“吉林省非物质文化遗产”名录，先后获得了“吉林伴手礼”“吉林名牌产品”“东北金牌菜”“中国名小吃”“中国金牌旅游小吃”等众多荣誉和奖项。特别是2013年，正红旗烧鸽子被中国旅游协会评为首届中国金牌旅游小吃，这是对其美食品质的极大肯定。此外，正红旗烧鸽子还多次在中国特色旅游商品大赛中获得奖项，进一步彰显了其在地方特色美食领域的卓越地位。

八、咱屯子锅台鱼

咱屯子锅台鱼创立于2004年，以铁锅炖江鱼、炖笨鸡、炖大鹅、炖大骨为代表产品，采用具有农村特色的酱料工艺，还原民俗风格的就餐环境，让食客在品尝地道的铁锅炖美食的同时，体验农村老家的人文情怀。

“咱屯子”是一个连大名都没有的小山村，村民日出而作，日落而息。正是在这鲜为人知的村落中，诞生了一位杰出人物，即齐洪海，当地人们亲切地称呼其为齐大个儿。齐洪海在凿冰捕鱼方面技艺高超，尤其擅长使用大铁锅烹饪鱼类，其烹饪技艺堪称一绝。他对食物的热爱与研究精神促使他不断探索如何通过铁锅烹饪使鱼肉更加美味。经过长时间的钻研与实践，齐洪海的炖鱼技艺日益精湛，成为了屯子里的一绝。正是凭借这一烹饪绝技，齐洪海在方圆数十里内声名鹊起，成为远近闻名的人物。

2004年，齐洪海在老家梨树县开了家自己的饭馆——咱屯子锅台鱼，并迅速在当地声名鹊起，成为具有代表性的餐饮品牌。咱屯子锅台鱼的特色菜品——铁锅炖鱼，采用新鲜宰杀的江鱼作为主要食材，辅以传统的农家宽粉、葱花、香菜，以及独家秘制的浓郁酱料，在铁锅中共同烹煮，散发出令人垂涎的香气，独特的咸鲜风味能够极大地满足味蕾的享受。制作锅台鱼的原材料胖头鱼肉质细嫩，三道鳞口感柔滑，黄辣丁更是具有药用价值的食材。店铺精选七种鱼类，可制作出七种风味各异的鱼锅，无论是鲜嫩还是爽滑，每一口都充盈着地道的寒地黑土风味。

2011年，齐洪海决定前往四平市小试身手。他揣着第一桶金首次离开家乡，随即四平市咱屯子锅台鱼饭馆正式开业。该餐馆自开业以来，每日座无虚席，如果没有提前预约，顾客很难品尝到其特色美食。自四平市至长春市，齐洪海在家人的支持下开设了多家分店。在长春，他结识了一群志趣相投的伙伴，组建了现今的团队，并以每年新开十余家分店的速度，使得铁锅炖鱼的风味在大东北地区广为流传。

在咱屯子锅台鱼迅速发展的同时，团队进行着店面菜品的升级，既保留着原本的寒地黑土农家民俗风格，又融入了设计感，打造出土洋结合的寒地黑土时尚民俗铁锅炖。“专注铁锅炖，用心炖好鱼，让鱼香飘向世界”是每一个咱屯子锅台鱼员工的理想，在20年的时间里，咱屯子锅台鱼在吉林、辽宁、黑龙江、内蒙古、北京、山东、青海、江苏、宁夏、广西等地开出店面数百家。

九、凤吉园与乌拉火锅

吉林的原称是吉林乌拉，意为“沿江”。乌拉火锅之所以叫乌拉，说明这种吃法缘起于吉林。清朝中叶，火锅风靡一时。火锅的原始形态为铁质或铜质材质，其底部设计狭窄，形似倒扣的碗；中部设有开口以容纳木炭，而上部宽阔用于放置食材。烟囱与下方的炭火灶相连，点燃后，不仅整个室内温度升高，而且弥漫着食物的香气。

汤底是火锅的精髓。乌拉火锅以猪骨、牛骨与老鸡慢炖的高汤为底，添入螃蟹、蛎黄、鲜鱼等提鲜，结合传统中医养生理论，加入人参、天麻、枸杞、红枣、桂圆、山楂、冬虫夏草、麦冬、当归等名贵中药材，铺陈虾米、紫菜，倾入精华汤汁，经长时间精心熬制而成。

每逢冬日，众人皆沉醉于这铜火锅的温暖滋味，开锅先干碗汤，既鲜美又营养。火锅的食材十分广泛，如海鲜、时令蔬菜、豆腐、粉条等均可入锅。食材下锅的顺序也颇有讲究，先下肉片，再涮鱼虾等河鲜、海鲜，最后涮酸菜。蘸料是由芝麻酱、腐乳、香油、韭菜花等加入野山菌制成，吃五花肉就另蘸专门的蒜酱。

吉林的乌拉街镇有家凤吉园贾家火锅店闻名遐迩，这家店从清光绪年间就开始营业了。凤吉园乌拉锅子的加工技艺被评为吉林市和吉林省的非物质文化遗产保护项目。火锅的汤料经过4到5个小时的精心熬制，汤汁醇厚鲜美；蘸料味道浓郁，独具特色。火锅配料食材的大小、分量均经过严格的配比，确保其不失独特的风味。一锅子山珍海味主打的就是营养滋补，吃起来肥而不腻、鲜而不懈、口感适度、香鲜滑嫩，让人回味无穷。

十、刘文祥麻辣烫

刘文祥麻辣烫堪称黑龙江麻辣烫的典范，它的制作遵循当地传统的制作技艺，以秘制骨汤为基底，适量添加糖分；调味料仅限于芝麻酱、蒜汁、醋，以及现制的辣椒油。麻辣烫的配菜以蔬菜和豆制品为主，不加生肉。整个麻辣烫的煮制过程使食材与汤汁、调味料紧密结合，令人回味无穷。正是这种朴素的食材搭配，更能够触动味觉的深层感受。

刘文祥麻辣烫作为源自佳木斯桦南的特色美食，起源于刘文祥夫妇在桦南县创办的满街香大碗麻辣烫。该店以独特的风味和优惠的价格赢得了当地第二中学的学生及周边人们的广泛喜爱。每年，无论是外出学习还是工作的人员都会选择来到这里，不惜排队等候长达一小时，只为品尝一碗麻辣烫。

2019年，刘文祥创立了黑龙江省刘文祥餐饮服务有限公司，并迅速在全国范围内拓展门店，实现了迅猛发展。至2021年，该公司已在全国范围内拥有超过700家门店，成功跻身于国内麻辣烫品牌前列。同年3月，满街香大碗麻辣烫正式更名为刘文祥大碗麻辣烫。截至2023年，刘文祥大碗麻辣烫的门店数量已突破1000家，主要分布于黑龙江、辽宁、山东等北方省份。此外，该品牌所提供的美食不仅价格亲民，口味也广受消费者的好评。这种在日常生活中随处可见的美食，恰好满足了当代年轻人在工作日午餐时段对食物和营养的切实需求，成为他们享受一顿丰盛午餐的理想选择。

十一、方正得莫利炖鱼

得莫利炖鱼，作为东北地区四大炖菜之一，其发源地位于哈尔滨市方正县伊汉通乡的得莫利村。在这个被群山环抱、北临松花江的渔村里，当地人世代以渔业和山野采集为生。

得莫利炖鱼要求选用新鲜的鲤鱼或草鱼作为主要的食材，制作工艺也颇为讲究：首先，需对鱼进行宰杀并彻底清洗，随后在鱼身两侧轻划数刀以备煎制，在锅中加热油至适宜温度后，将鱼放入锅中煎至两面金黄，此时鱼香四溢；其次，在锅中加入葱、姜、蒜等调味品进行爆香，再将预先切好的豆腐块加入锅中翻炒；再次，将宽粉条放入锅中；最后，注入足量清水，以大火煮沸，汤面如波涛汹涌，转为小火后，慢慢炖煮。经过长时间的炖煮，食材与汤汁充分融合，香气四溢。当锅盖打开时，鱼肉已炖至骨肉分离，鱼肉质地鲜嫩如雪，豆腐与粉条已完美结合。品尝一口，鱼肉质地细腻，口感鲜美，豆腐吸收了鱼汤的精华而变得柔滑且层次分明；粉条则吸收了汤汁的醇厚，呈现出弹性口感并带有微妙的甘甜。得莫利炖鱼的独特之处不仅在于鱼肉本身的鲜美，更在于其独特的烹饪技艺和秘制酱汁。在炖鱼的过程中，店家通常会蒸制大馒头，当馒头出锅时，麦香扑鼻，食客围坐共享，尽享北国的豪迈与纯朴。

赵秀华，作为绍兴大酒店的创立者，其创业历程颇具传奇色彩。一次，赵秀华和丈夫苑绍兴邀请了数位在家中帮工的工人吃饭，计划炖鱼。由于出席人数超出了预期，鱼的存量又有限，赵秀华创造性地在炖鱼中加入了豆腐和粉条，此举意外地获得了在场宾客的一致好评。当时，哈同高速公路尚未开通，途经得莫利村的司机和乘客常因长途跋涉而感到疲惫，赵秀华与苑绍兴决定，在自家门前开设一家饭店，旨在为过往司机提供餐饮服务。他们购置了基础餐具，并在自家两间草屋的墙体上悬挂了“绍兴饭店”的标识，开始接待过往的客人。绍兴饭店的成立，标志着得莫利村历史上第一家饭店的诞生。

当时，赵秀华的孩子年幼无人照料，赵秀华只能背着孩子做饭。她所烹饪的一系列炖鱼菜肴，不仅为过往的司机提供了温暖的餐食，更在情感上给予了他们慰藉。赵女士在灶台边背娃烹饪的形象，以及她精心烹制的菜肴，成为旅客们心中难忘的印象。

随着时间的推移，绍兴饭店的回头客日益增多，他们多因赵秀华做的鲤鱼炖豆腐粉条慕名而来。这道原本仅为凑足菜品而创新的菜肴，逐渐演变成饭店的标志性菜品。随后，该菜肴被正式命名为“得莫利炖鱼”，并成为得莫利村的美食象征。2013年，得莫利炖鱼的烹饪技艺被纳入哈尔滨市非物质文化遗产代表性项目名录，赵秀华也荣获了“得莫利炖鱼烹饪技艺”代表性传承人的称号。至2023年，得莫利绍兴大酒家荣获哈尔滨市老字号的荣誉。

自20世纪90年代中期以来，在赵秀华的引领下，得莫利村逐渐发展成为以得莫利炖鱼为特色的餐饮聚集地。该村落仅有500余户人家，却有超过170户、600余人参与了与炖鱼相关的事业当中。在得莫利炖鱼的鼎盛时期，村内饭店每天消耗的鱼类总量达到3000余斤。1997年，随着哈同高速公路的开通，多家鱼馆迁址到得莫利服务区，客流量显著增加。在旺季期间，服务区每天鱼类的消耗量高达6000余斤，为当地带来了显著的经济收益。近年来，方正县致力于品牌建设，成功将传统美食得莫利炖鱼推向了更广阔的市场舞台。

十二、榆林筋饼

榆林筋饼是黑龙江省绥化市兰西县榆林镇地方特色美食，早在清同治初期就已远近闻名。一张筋饼重18克左右，直径约24厘米，一般厚度1毫米，最薄的仅有0.3毫米，因其薄而不断、卷而不散、弹性如筋而享誉滨北，家喻户晓，被评为首届绥化市十佳名小吃。

实际上，榆林筋饼乃清初小榆树人所创。清朝初期，粮食匮乏，民生艰难，白面、豆油等精细粮食尤为珍贵，仅节庆之日方能稍品其味。为节省油面，擅长持家的主妇们便力求将饼烙得薄如纸片，并巧妙构想出以薄饼卷食蔬菜之法。此种既节约又体面的饮食方式迅速赢得民众赞誉，并逐渐在民间流传开来。在松北平原尚显荒凉的年代，数九寒冬，寒气逼人，行人裹挟一身霜雪踱入饼店，铺开筋饼，卷入热气腾腾的驴马烂、肘子肉或猪头肉，再配以大碗清汤，不仅解饿，更满足了口腹之欲，令人浑身温暖如春，其美妙滋味实难用言语表达。朝廷钦差大臣赴卜奎（今齐齐哈尔市）公差之际，亦不忘辗转至小榆树一尝筋饼美味，对其赞不绝口，在他返程之时，更不忘满载而归，以飨朝堂。

闫广喜，亦称闫七，是榆林筋饼制作的杰出代表。他十三岁开始学习筋饼制作技艺，手法独特精细。他所烙筋饼的面剂子精准至每个一两，所制成的饼形如刀削，完美圆整，虽用油甚少，却口感筋道，美味可口。曾有一次家中大兴土木，闫广喜以一己之力为四十余位帮工烙饼供食，众人皆赞誉其手艺绝妙，一时传为佳话。

20世纪80年代初，闫广喜的传人阎吉庆感受到传承的重要性，毅然决定将烙筋饼的秘方与技艺传授给外姓之人。数年后，这一技艺在小榆树地区广泛传播，第四代榆林筋饼传承人刘剑、刘国栋、付国庆等人开起一家家升级版的筋饼店。近年来，榆林镇街路两旁的筋饼店一家挨着一家，绵延数百米，其鲜艳醒目的店面招牌，争相向过往的路人宣告这里是榆林筋饼的溯源之地，代表着正宗、传统和老字号。如今，这张筋饼已成为榆林的新名片，不少年轻人都学会了烙筋饼的技能，连锁店遍及全国许多城市，发展成标准化中式特色快餐。2019年，榆林镇筋饼被列入黑龙江省非物质文化遗产名录。

在享用美味的筋饼时，食客们常常抛开矜持，卷起袖子，将各种菜肴包裹在饼中，辅以适量的酱料、葱丝、香菜等佐料，紧密地卷起后送入口中。筋饼以其薄如蝉翼、色泽透亮的特质独树一帜，即便在其下方放置报纸，字迹依然清晰可见，真正实现了隔饼可读报的效果。筋饼质地坚实且富有弹性，赢得了广泛的赞誉，食客们称赞其口感筋道，即便卷入大量菜肴也不会破裂。

进入新世纪以来，榆林筋饼在技术上进行了改进与更新。筋饼所包裹的菜品越来越丰富，除了经典菜品如京酱三丝、香菜肉丝、土豆丝等，还有羊角葱、甜面酱、香椿炒鸡蛋、香辣肉丝、鱼香肉丝、豆芽、熏肉、香菜、猪头肉等多种选择，满足了不同食客的口味需求，其中，树椒土豆丝和鱼香肉丝尤受人们的喜爱，酸甜辣味的独特口感令人回味无穷。

长期以来，兰西县榆林镇的筋饼已成为外地游客必尝的地方特色美食。该镇生产的筋饼，每年能够制作超过2亿张，进而创造出逾1亿元的产值。筋饼不仅维系着当地人们的生活需求，还与相关产业链紧密相连，使得这个原本不起眼的小镇，发展成为哈黑公路沿线重要的商业中心。薄薄的筋饼，承载并续写着榆林镇深厚的文化底蕴和百年传奇，也成为榆林镇推动乡村振兴的重要产业载体。因榆林筋饼这一美食品牌的形成，促进了兰西县及周边休闲旅游业的迅速崛起，甚至不少人专程驱车前往兰西县榆林镇，只为一饱口福。榆林筋饼，已成为这座小镇的金色名片。

十三、肇东小饼

肇东籍伦敦奥运会季军李金子是一名拳击运动员，自幼离开故乡，在外地打拼，两三年才能回乡一次。她说："每次回家的时候，一定会吃我们肇东特有的'火烧云饼'，烤饼入口的那一刻，儿时的记忆涌现，有家乡的味道，特别开心，特别幸福。"肇东小饼又叫火烧云饼，是黑龙江省绥化市肇东地区著名的特色小吃之一。

火烧云饼由肇东先民郭尔罗斯人的烤荞麦糕演变而来。有一次，郭尔罗斯后旗的辅国公布彦朝克率部到游牧地打猎。临行前，布彦朝克的妻子给他带了几块荞麦糕用来充饥。他们猎到了一些野味后开始烤食。一不小心，荞麦糕掉到地上了。布彦朝克拿水袋冲了一下，用两片羊排骨夹着荞麦糕，在炭火上烤。他发现，这个表面淋了水的荞麦糕，在烧烤的过程中水会蒸发，外表不糊，里面十分松软；羊排骨滋出来的油进入荞麦糕里，味道特别棒。于是，整个军中的人都会在炭火上烧制荞麦糕，后逐渐将荞麦面换成了小麦面粉。

民国时，申佰东的曾祖父闯关东来到肇东的发祥地甜草岗。那个时候，肇东小饼已经小有名气。申老太爷为了驱寒暖胃，在面粉里放了几味中草药，做出来的小饼，不但吃后有健脾胃、驱寒湿等功效，而且口味、颜色也越发与众不同，唇齿留香。他当时还即兴作了一首诗："风霜淋沥药中君，择食驱寒做烤熏，白馍翻飞花狄舞，正如片片火烧云。"于是，肇东小饼便取名火烧云饼。

多年来，在肇东无论是街头餐馆，还是巷子里的地摊，总会有火烧云饼这个美味小吃，但首屈一指的当属出自"那些年主题涮烤工坊"总经理申佰东的火烧云饼。不仅当地人喜欢吃，许多外地人也特意赶来品尝这道美味，成为肇东市的一张城市名片。

申佰东是绥化市非物质文化遗产代表性项目——火烧云饼的代表性传承人。他从小吃着火烧云饼长大，7岁便在大人们制作火烧云饼时打杂役，13岁即可独立完成所有制作工序。

2009年，申佰东组建团队，创办了肇东市第一家集制作、售卖为一体的火烧云饼专门店。他把作料从单一的鲜葱花改良增加了多种秘制特色卷饼料，更合乎食客的口味，颇受消费者青睐。

每天天刚一亮，申佰东就驱车到菜市场，采购全天所需要的新鲜食材。尽管这是买火烧云饼的辅料，但他始终亲力亲为，一丝不苟，每个环节都做到精挑细选，以此来保证小饼的材质与滋味。

火烧云饼的制作工序繁复精细，需以独特的秘制酱汁为基底，搭配呼和浩特托县的红辣椒粉与精选的鸡油脂，再融入多种中草药——先将草果、罗汉果等带壳的中草药研碎，再把山楂、八角、白芷、茴香等18味中草药按大小分离，经浸泡、爆锅、控温、分段榨取、冷却等八道工序精细加工后，最终形成风味独特的原料。

原料准备就绪后，便进入烤制环节：首先将饼坯浸泡于烤饼酱汁中，夹入烤饼拍，置于红火竹炭上翻烤两遍，待饼中水分充分蒸发、饼身微微蓬起，迅速均匀涂抹浑水辣椒，再翻烤两遍至辣椒水分蒸发、椒香四溢，随即快速涂抹调和鸡油。这一系列操作需动作娴熟有序，若任何工序中水分未完全蒸发或蒸发过当，都会严重影响口感。调和鸡油涂抹均匀后，需仔细观察饼的色泽与形态，待其呈现金黄红润的色泽、表面泛起气泡时，再在饼的正面均匀撒上椒盐、芝麻等辅料，火烧云饼便制作完成。刚出炉的火烧云饼醇香扑鼻、色泽诱人，与其说是一道美食，不如说更像一件艺术珍品。

2010年，中国著名书画家赵成功撰写了“火烧云饼”牌匾，赠送给申佰东，如今就悬挂在那些年主题涮烤工坊的正门之上。门旁还有一副对联，上联是：弘扬肇东饮食文化；下联是：传承家乡百年经典。2013年5月，历经3年时间的努力，申佰东完成肇东火烧云饼在绥化市的各项申遗任务，使其成功列入黑龙江省绥化市《市级非物质文化遗产》名录。2014年12月18日，市级非物质文化遗产保护传承基地——那些年主题涮烤工坊正式运营。申佰东虚心采纳食客们对火烧云饼的意见和建议，刻苦钻研，精益求精，使一个小烤饼摇身一变，成为地地道道的名小吃，为肇东饮食文化的发展做出了贡献。

十四、北林酸菜汤

寒地黑土地区的人们对酸菜汤的钟情，不单单只是口味，更多的是对家乡风味的眷恋。目前，绥化市北林区有数百家可以做酸菜汤的小吃部和饭店。小吃部里的小吃十分多样，有猪血豆腐、炝辣椒段、芹菜花生米、干煸豆角、土豆丝、海带丝、干豆腐丝等，有的店还有羊肉粉丝、酸菜粉丝、豆腐粉丝等。饭店的主食则有油饼、糖饼、葱花饼、油支炉饼、草帽饼、各种馅饼等。酸菜汤如今在绥化市北林区这一方水土上做成了大生意。

酸菜是寒地黑土地区的一种家常特色食物，味道咸酸、口感脆生、色泽鲜亮、酸香味扑鼻，具有开胃提神、醒酒去腻之功效。制作酸菜汤在绥化已有几十年的历史，酸菜汤的熬制有点像茶道里的工夫茶，打磨的是时光，品尝的却是工夫。将新鲜五花肉切成大小均匀的薄片，酸菜和土豆在清水中洗干净，切成细丝；大锅烧热起油，倒入肉片，加白胡椒和米酒，中小火慢慢煸炒直至出油，待到五花肉出油后倒入酸菜翻炒1分钟，倒入热水，加辣椒、盐、蚝油，大火烧开后转小火慢炖。翻滚的汤里酸菜与猪肉相互“揉搓”，味道一点点散发出来，肉汁的香气，酸菜的酸气在空气中凝聚成独有的味道。

天渐渐破晓时，沉睡一夜的人们迫切需要一种能瞬间打开味蕾的美食，来维持上午需要的能量。食客们端起一碗酸菜汤，慢慢地喝，慢慢地咀嚼，汤汁肆意地在舌尖上溅开，顿时食欲大开。喝到最后，不光能浅层果腹，还在这小小的一碗酸菜汤中品味出一种对品质的追求和一种匠人的精神。或许，正是那种对品质极致的追求，才会让一碗人人都会做的酸菜汤成为了一道独特的美食。

十五、鹤岗小串

鹤岗，作为一座因煤炭资源而兴起的城市，却蕴含着深厚的人文底蕴。在该市的各个角落，人们都能闻到一种引人入胜的烧烤香气。小串作为鹤岗人日常生活中不可或缺的美食，承载了丰富的情感和历史记忆，其独特的文化传承至今已形成一片独特的饮食江湖。

2011年，鹤岗被列入全国第三批25个资源枯竭型城市名单，这一曾经因煤炭资源而繁荣的城市面临转型。2015年，鹤岗启动了首批矿井关闭行动。在迫切需要孵化新兴产业和商机的背景下，当地人将目光投向了具有半个多世纪历史的小串。根据《鹤岗市志》的记载，鹤岗小串的起源可追溯至20世纪50年代，其发端于鹤岗饭店所推出的以牙签串起的羊肉小串。在烤制技术上，小串有其独特的“三分熟”等烹饪秘诀。至2005年，小串成功跻身于地方名优小吃之列。当地人凭借着对美食的热爱和创业精神，将小串这种地方特色美食作为创业的起点。随着时间的推移，小串以其独特的鲜嫩软脆的肉质，以及令人难以忘怀的麻辣醇香味道，赢得了广大食客的喜爱和追捧，成为了一个备受青睐的美食选择。

“80后”葛海波是当地网红餐饮品牌“海波肉串”的经营者。自13岁起，他便涉足餐饮服务行业，积累经验。婚后，他与妻子共同创办了一家烧烤餐厅，开启了漫长的创业历程。近20年的烧烤功夫，一招一式，风格豪迈粗犷，内有乾坤。海波肉串的招牌产品——“三分熟”，在鹤岗市烧烤行业中赢得了广泛赞誉。该产品采用厚度均匀的新鲜肉片，以铁签串制，并配以独特的腌制料，经过火焰的烘烤，呈现出令人垂涎的三分熟风味。三分熟的肉片口感滑嫩至极，完全摒弃了生肉的腥味，风味独特，极大地满足了顾客的味觉享受。海波肉串以朴实无华、诚信待客的服务态度，以及优质的食材和独特的风味，吸引了大量顾客，连续多年稳居鹤岗市烧烤烤串好评榜榜首。

在鹤岗众多提供多样化特色小串的店铺中，鹤枫小串无疑是最受推崇的选择。该店的烤肚技艺尤为突出，堪称一绝。烤肚的前期处理过程相较于普通鲜肉更为复杂。首先，运用独特的技术去除内脏特有的异味；随后，采用店家秘制的腌料进行腌制。烤肚串之所以能呈现出爽脆弹牙的口感，全赖于炉火控制的精湛技艺。在火光中不断翻转的肚串，撒上烧烤三宝后，成为美食爱好者们所珍视的佳肴。

自20世纪80年代起，以鹤岗火车站前的烧烤摊为起点，“老何太太烧烤”逐步发展成为一家实施连锁化经营的企业。该企业在食材选择上追求严格标准，并统一了制作流程，确保直营店与加盟店的产品口味保持一致。该店的羊肉酱色泽金黄、油润光亮，牛肉呈现紫红色、鲜亮夺目，肉质鲜美、口感软嫩而富有弹性，风味麻辣而醇厚芳香，从而在全国的烧烤行业中崭露头角，成为新兴的品牌代表。

在鹤岗市，平均每几十米便可见一家烧烤店，其高密度的分布成为城市活力与文化精神的象征。小串烧烤市场的繁荣景象，仿佛是城市转型的一个缩影，映射出了一个以重工业为主导的城市迅速抓住转型机遇，实现经济结构优化升级的不懈努力。以烧烤业为代表的新兴商业的迅猛发展，不仅为商家提供了生存空间，也促进了大量相关职业群体的形成。这些从业者以各自的奋斗，为鹤岗这座城市注入了生机与活力。

第三篇　食之精神

第七章　寒地黑土地区特色饮食之美

第一节　饮食器具美

饮食器具是人们日常生活中最常见的物品，蕴含着丰富的文化和精神内涵。它们形态繁多，有着各自发展的规律，是象征主义与实际生活的奇妙联结；同时，它们也反映着人们对生活的追求，是世俗与艺术的结合，承载着深邃的造物思想。

在寒地黑土地区的饮食文化中，每件饮食器具都承载着独特的文化特性和历史情感，这些器具以斑驳的痕迹见证着时代的变迁。即便某些器具已退出日常生活，依然蕴含着深沉的情感价值，散发着怀旧的气息，唤醒零碎的历史片段；而一些仍在使用的器具，即便历经时间磨砺，也能唤起人们对往昔简单纯粹生活的回忆，引发深刻的情感共鸣。

一、炊具之美

（一）灶台

柴火土灶是寒地黑土地区农家不可或缺的“镇家之宝”。作为老厨房的核心组成部分，黑铁锅稳坐于大灶台之上，灶内火光闪烁，炊烟缭绕上升，空气中随之弥漫着饭菜的馥郁香气。

大锅台柴火灶通常用土坯加泥巴砌成，大土坯中加寸草勾筋，既保暖又隔热。灶台两边铺上石板，砌成与灶台连体的两个台面，一个台面上放置碗橱，下面存放柴草，另一侧台面上放着菜墩（菜板）、菜盆和水瓢，下面置入风箱（风匣）。灶膛（灶坑）内呈“窝斗”状，点柴燃烧后红红的火焰直吹锅底。

柴火灶烹饪的菜肴保留了最原始的风味，融入了木制锅盖、竹制蒸笼、原木砧板、木质饭勺，以及粗瓷碗碟的自然气息。在锅中炖煮土豆与豆角、粉条和猪肉，同时，锅边摊制大饼，或是在杀猪菜上蒸制窝头，十分节约时间和劳力。家人用双手在柴火灶台前演绎着锅碗瓢盆的交响曲，吟咏着柴米油盐的诗篇。

（二）风匣

风匣是农家不可或缺的用具。柴火在铁锅柴灶下燃烧不充分时，为了煽风点火助燃，全靠风匣。风匣由活塞、拉柄、两个活门、排风孔等组成。风匣里面由木板隔分为上大下小两层。推动拉柄，活塞来回地压缩空气缓缓地送入灶膛，两端的活门也随之有节奏地闭合。

人们一手有节奏地拉着风匣，一手将柴草放入灶坑，用火钳不断地调动着各种质地的柴草闪转挪腾。火借风势，噼噼啪啪地跳跃着、欢笑着、燃烧着，转眼间燃成了绚烂的金黄色火焰。风匣的“呱哒呱哒”声既像是唱着一首首古老的民间歌谣，又像是一道道动听的乐曲。木风匣的制作工艺是劳动人民智慧的结晶，为生活鼓足了志气，添加了旺劲。

（三）大铁锅

寒地黑土地区的冬季寒冷漫长，夏季短暂而炎热，这种气候特点决定了当地人民饮食习惯以炖煮为主，喜欢用大锅、大火烹饪食物，厚重坚固的铁锅便成了寒地黑土人家中必备的厨具。

寒地黑土地区有着丰富的矿产资源，尤其是铁矿，这使得当地铁锅的质量远超其他地区，深受人们的喜爱。铁锅具有良好的导热性，能够快速加热食物，锁住食材的原汁原味。铁锅富含铁元素，在烹饪过程中会慢慢释放，有助于补充人体所需的微量元素。好的铁锅表面无明显凹凸感，锅边厚实，底部呈弧形，导热均匀，不易糊底。新铁锅要涂抹一层食用油进行“开锅”，以增强其防锈能力。

用铁锅炖菜是一种既美味又温暖人心的烹饪方式，家人围坐在锅边，热气腾腾地吃着炖菜，让人心里觉得无比温暖。

（四）老式爆米花机

老式爆米花机是一种传统的美食制作工具，由机头螺杆、大弯头、小弯头、机盖、加力管/杆、开口销和摇手组成，为了能够架于炉火之上，还需要前后两个支架。

从前，在寒地黑土地区城市的大街边，炉火上架着黑乎乎的爆米花机，师傅摇转着爆米花机，用特殊的加热方式，在短时间内便能将玉米粒加热至膨胀，开锅的瞬间，只听一声巨响，一团白烟升腾而起，一小盆玉米瞬间变成了一大袋酥脆香甜的爆米花。那香味是天然的、纯粹的，让人回味无穷。老式爆米花机是制作爆米花的重要工具，它承载着当地人对传统美食的记忆和情感。

（五）小型炊具

寒地黑土地区盛产木材，当地人习惯于采用当地特有的松木或桦木制作各种炊具，比如木桶、木勺、木盆等，这些纯天然的木质厨具不仅美观耐用，其特有的淡淡的木香可以为食物增添一丝清新气息。木质厨具质地坚硬，花纹清晰自然，接口紧密牢固，不易变形，在使用过程中会逐渐形成一层保护膜，越用越光滑，越用越顺手。

盖帘用高粱秸秆串编而成，美观耐用，比塑料制品或铁制品更环保、更健康。现在很多寒地黑土地区的人家里都有盖帘，刚包好的饺子、豆包和刚蒸好的馒头放在盖帘上面，冬天则直接冻上，不会粘。

蒜缸子又叫石臼，是一种捣蒜泥的专用器具，也可以用来将辣椒、花椒粒等捣成细末。一个钵子、一个蒜锤，再剥上几瓣蒜，笃、笃、笃，直至捣成泥。蒜缸子的钵子基本是大理石的，蒜锤是木制的，捣蒜的声音像敲小鼓。捣出的蒜泥比用刀拍后切成的蒜末蒜香味儿更浓。

高粱刷是用于刷农村厨房锅碗瓢盆的工具，用高粱秸秆制成，见图7-1。

图 7-1　高粱刷

这些小型炊具展现了寒地黑土地区人们的智慧与勤劳，他们利用随手可得的本地材料便能制作出便于使用的劳动工具。有些器具至今仍在使用，有些则已鲜为人知。然而，一旦寒地黑土地区的人们看到这些器具，即便是在博物馆的展示中，也会立即唤起他们童年时期的记忆，回想起与家人在一起的时光。

二、餐具之美

（一）炕桌

炕桌就是火炕上使用的桌子，最大功能是当餐桌用，是寒地黑土地区最普遍的家具。桌子的大小根据家里的人口多少而定，炕桌通常不高，一般在30厘米左右，四条桌腿是固定的。圆形桌的直径一般不超过1米，桌腿往往可以折叠起来。讲究的炕桌还要雕刻些图案，桌腿或为圆葫芦形或为虎爪形。寒地黑土地区的人们之所以有盘腿而坐的习惯，就是因炕桌不高，腿伸不进去而养成的。

在冬季，人们习惯于盘腿坐于温暖的火炕之上，窗外寒风凛冽，此时嗑食新炒制的瓜子，围绕着热气腾腾的炕桌享用传统的杀猪菜，体验着无与伦比的愉悦。当有宾客来访，炕桌上常会摆放瓜子和冻梨等小食，人们围坐于此，闲谈笑语，嗑着瓜子，享受着温馨的社交时光。在炕桌空闲之际，通常会放置针线笸和烟具，孩子们常常在炕桌上完成作业。

如今，很难再见到小炕桌了，它随着昔日时光越行越远，但它所承载的美好的记忆却永远令人难忘。

（二）搪瓷缸杯与搪瓷碗

自20世纪50年代起，绘制了“囍”字与牡丹组合图案的白色搪瓷制品以茶杯、碗、盘等各种不同的形式，广泛地进入寒地黑土地区人们的日常生活。图案造型美观、色彩绚丽的搪瓷制品，生动地展现了那个年代的美与文化。

搪瓷缸子经常出现在饭桌上，尤其是春节团聚时，人们笑盈盈地用暖水瓶向搪瓷缸子里倒热水，画面特别温馨；有炭火的话，人们还会在里面扔上点可以煮的枣子、梨子熬水喝，又暖又甜。搪瓷杯结实耐用，掉漆后，金属会变成黑色，但不影响使用；同时，搪瓷杯量大能装，但并不隔热，倒了开水拿在手上会特别烫。

搪瓷碗是20世纪70至80年代人们的生活常用器具，相对于纯瓷碗来说，搪瓷碗更为结实、轻便、耐用，后来，搪瓷碗就被不锈钢碗所代替了。

如今，根植于生活的时代产品又以不同的形式回归人们的视线。它可以是充满设计感的文创产品，也可以是带有复古情怀的日常用具，带着浓浓的时代印记，勾起人们的回忆。

（三）老式暖瓶

20世纪70年代至90年代，在寒地黑土地区，家家户户几乎都有一个竹编暖瓶。以前，暖瓶是女方的嫁妆里必不可少的物件，结婚送暖瓶，寓意着日子红红火火。搬家的时候，亲朋好友也会送上暖瓶作为贺礼。

虽然它的外观简单，没有现代暖瓶那么时尚，但质量好，安全性高，保温效果好，24小时都能喝到烫嘴的热水，带给人们冬日里的温暖。这种老式暖瓶价格便宜又实惠，适合长期使用，

虽说现在有了各种智能化、便携式的暖瓶，但很多人依然对老式暖瓶有着深深的眷念。无论是作为怀旧的家居饰品，还是实用的暖瓶，老式暖瓶在现代生活中依然有其应用价值，以及能带来温暖与美好回忆的情绪价值。

（四）铝制饭盒

以前，铝制饭盒在寒地黑土地区几乎每家都有，不管是工作的，还是上学的，每个人都会带着这样一个铝饭盒用来装饭。有时怕热饭时混淆，就用铅油或铁钉刻上名字。

工业化时期，铝材料相对容易获取，成本较低，因此被广泛应用于包装。当时，医疗器械厂的职工和医院的护士大夫们有一种特殊的“包装盒”——装药或医疗器械的铝盒。用完报损后，他们会把这些铝盒拿回家，用来装饭。为什么选择铝盒呢？因为这种盒子可以直接放到锅炉上加热，利用锅炉的热量来保温，可谓是完美的饭盒；铝制饭盒的容量大，能装很多的饭食，那时候体力活多，这种容量能满足大部分人的需求；而且，这种铝盒价格便宜，对于精打细算的家庭来说极为难得。不过，铝饭盒也有缺点，如容易变形，不够密封，不隔热等。骑自行车带饭的时候，要么带个饭兜子，要么用自行车内胎剪个大皮套勒上。

每个对铝饭盒有着相同记忆的人，都会有这样的共鸣：同学、朋友、同事三三两两聚在一起，看对方的食物永远比自己饭盒里的好吃。对于他们来说，铝饭盒不只是餐具，更是一种对当时质朴情谊的怀念。

三、储藏具之美

（一）缸

缸是由陶土烧制而成的，根据大小分为大缸、二缸、三缸、小缸等。那些又高又大的缸称为大缸，等比例缩小的依次称为二缸、三缸、小缸等，主要用于装水、腌制酸菜、存放米面等。

从前，寒地黑土地区的乡村没有自来水，人们又不想天天去挑水，各家便备下一口大水缸放置在厨房的一角，挑满一次可以管一家人好几天的饮用水。水缸就像当地人的性格一样，豪迈大气。舀水的工具很简陋，将蔓爬草垛上成熟的老葫芦一锯两半，将中间的老瓤掏空，刮去青皮，晾干后，就成了一把既经济耐用又漂亮称手的葫芦水瓢了，见图7-2。

图 7-2　缸与瓢

从前，寒地黑土地区家家都有酸菜缸，那是当地人冬季储存食物的神奇发明，亦是浓浓的家乡味儿。酸菜采用当地盛产的大白菜腌制而成，祖传的酸菜缸便是制作这道美食的容器，上面压着的大石头是必不可少的辅助工具，见图7-3。

图 7-3　酸菜缸

（二）茓子（粮食囤子）

茓子是囤粮用的粗席子，用高粱或芦苇篾条编制，人们在院子中或屋顶上，将其围成圆形，里面装玉米等粮食作物，现在农村已经很少见了，见图7-4。

图 7-4　茓子

（三）坛子

坛子为陶土制成，有口小肚子大的，有上下一样粗的，主要用于腌制咸菜，放熬制的荤油等。盐坛子是20世纪70至80年代人们用来装盐的罐子，那时的盐都是颗粒比较大的粗盐，成块状，比较适合装在坛子里，见图7-5。

图 7-5　坛子

（四）喂得罗

喂得罗，俄语音译，指一种上粗下细的圆台形的水桶。人们挑水、装水、给蔬菜浇水都少不了它，是20世纪寒地黑土地区老百姓家里常用的物件。20世纪初，喂得罗传入中国，在这之前，老百姓经常用的装水器物是四角四棱、上下一般粗的水筲，还有中间鼓肚的柳罐斗子。

喂得罗体积小巧，便于携带，即便装满水也不显沉重；其上宽下窄的设计使得倾倒水时能迅速流畅地排出，使用极为便捷。在当时的乡村供销社中，喂得罗作为商品出售，其生产由县城铁木社手工打造，采用鱼鳞状铁皮制作而成，阳光照射下闪耀着金属光泽。

随着自来水的普及，喂得罗的使用频率显著下降。尽管传统物品日益稀少，难以目睹，但民众对于这些传统物品所承载的情感记忆却依旧深刻且难以消逝。

（五）提喽儿

提喽儿用于去粮油店打油、打酒、打酱油等，滴滴不漏，是寒地黑土地区人们智慧的象征。如今，提喽儿完全退出市场，成了彻彻底底的回忆，见图7-6。

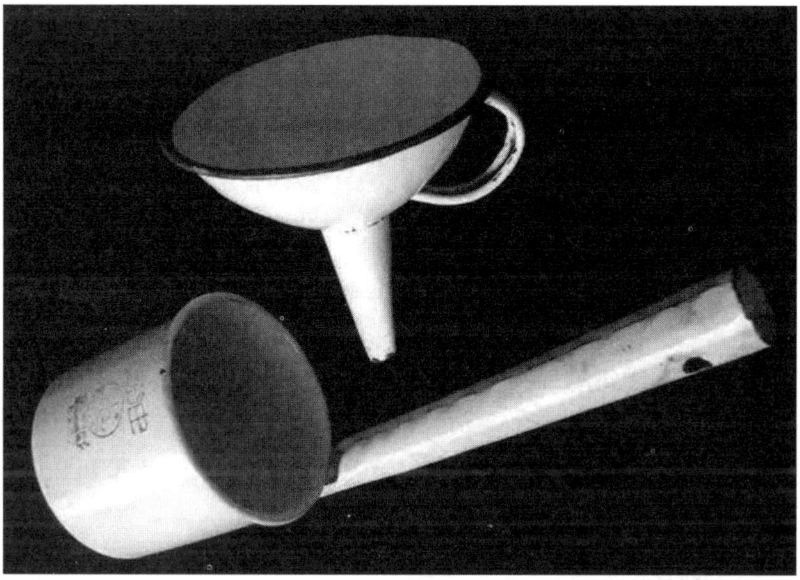

图 7-6 提喽儿

（六）猪腰子筐

猪腰子筐俗称土篮子，是一种形状类似于猪腰子（猪肾脏）的柳条编筐，一般用于采摘豆角、挖野菜、捡拾秋季农田里落下的农作物果实等，见图7-7。

许多当地人在小时候都有过这样的场景：大猪腰子筐几乎每天都挎在母亲的胳膊上，从春到秋，每天早晨吃完饭，母亲就挎起大猪腰子筐去野外割猪菜，蹚荒草甸子，去庄稼地装土豆玉米，那筐梁常常把母亲的胳膊勒出红红的印子；去看望亲戚、老人时，把买的干粮或者糖果装在猪腰子筐里。在那个年月，母亲们含辛茹苦，抚养着自己的儿女，尽管当时的生活劳苦清贫，但人们心里的一团火总是坚定地向往着美好未来。

图 7-7 猪腰子筐

每一件饮食器具都是寒地黑土地区人们日常劳作的见证者，它们承载的不仅仅是食物，更是人们对土地的深情厚谊。在日复一日中，众多饮食器具与人们建立起深厚的情感纽带，成为寒地黑土地区农耕文化中的一分子，静静地诉说着岁月的故事。尽管在现代社会中，许多机械化设备逐渐取代了这些传统工具，但它们的存在就像是一种象征，提醒着人们不忘初心。

第二节　饮食服务美

寒地黑土地区的饭店以其真诚的服务态度、分量十足的菜品和温馨的店面环境而著称。饭店的服务人员随性大方、不拘小节却注重实效，传递的是当地人的热情与真诚；饭店店面环境充满了浓郁且朴实无华的寒地黑土风情，这些细节增添了风味，让客人感受到家的温暖。

一、热情真诚的服务

寒地黑土地区饭店的服务人员非常热情友好，用东北话招呼顾客，顾客提的合理要求他们都会尽量满足。这种服务风格会让一些顾客感到亲切和真实，觉得在饭店就像在家里一样随意自在。

部分饭店的服务员展现出一种随性、不拘小节的服务风格。他们可能不会像南方一些地区的服务员那样，总是面带微笑、轻声细语，而是更加直接、爽快。在服务过程中，他们可能会更加注重实效，而不是过分追求形式上的礼貌和周到。尤其是小饭馆，没有流程化、标准化的服务章程，服务人员通常秉承本心式服务，能够展现出自身的个性，给顾客有趣、轻松和宾至如归的感觉。

寒地黑土地区饭店服务员也特别实在厚道，通常不会把客户消费当作指标考核，吃饱是标准，在乎的是食物不能浪费，不能让食客花冤枉钱。如果顾客点的菜多了，他们就会拦着，提醒够吃了。

随着服务业的发展和竞争的加剧，越来越多寒地黑土地区的饭店开始注重提升服务质量，服务员的专业素养得到了很大的提升。他们接受了更加系统的培训，学习如何更好地与顾客沟通、如何提供更加个性化的服务等。在这样的饭店里，顾客可以享受到更加规范、专业的服务。

二、分量十足的菜品

寒地黑土地区饭店提供的菜品通常分量很足，适合多人聚餐，吃不了打包，回家热热还能吃。在寒地黑土地区开饭店，以大为美，以大为诚，要是在菜量上打折扣，食客吃过一次便永不回头，客流必然江河日下，因此，分量事关主人的诚意与人品。只要客人上门，必须上大盘，八寸盘都算小，必须上尺盘，一尺二才够敞亮。大盘盛菜不仅彰显了主人的热情好客，也让食客们吃得尽兴、满足。即便是素不相识的陌生人，在这样的饭桌上也能迅速拉近彼此的距离，成为无话不谈的朋友。因此，菜品的分量不仅关乎味道，更关乎人情味。一份份沉甸甸的菜品，传递的是寒地黑土地区人们的热情与真诚，让食客们在品尝美食的同时，也能感受到家的温暖。

三、温馨的店面环境

在众多以东北菜系为主打的餐饮场所中，装饰风格普遍体现着浓厚的寒地黑土地区的文化特色。该系列餐馆的内部环境设计以朴素自然、亲切温馨为特点，营造出宾至如归的氛围。在这些餐馆中，传统元素如水缸、大锅、水舀子和帘子等被巧妙地融入装饰之中，这些物件不仅承载了历史的印记，也反映了当地的生活习俗。餐馆的墙面装饰以金黄色的玉米为亮点，这些玉米不仅是视觉上的装饰，更是对农业丰收的象征性庆祝。此外，餐馆内还陈列着诸多反映过去生活方式的老物件，例如温暖的棉被、怀旧的时钟、古朴的茶具等，这些物品激发了人们对往昔岁月的回忆。一些餐馆的墙面甚至用报纸包裹着大酱块，摆放着传统的酱缸，这些细节不仅体现了餐馆的风味特点，也传递出一种家的温馨。不仅如此，各种童年玩具，如陀螺、弹珠以及农耕用的鞭子等，也被巧妙地融入室内装饰之中，营造出一种老家的氛围，使顾客仿佛回到了无忧无虑的童年时代。

第三节　饮食礼仪美

从座位的布局到敬酒的礼节，从饮酒的习俗到菜肴的上桌讲究，每一个细节都彰显了寒地黑土地区深厚的文化底蕴和对传统的崇敬。在这样的环境中用餐，不仅令人感到特别的轻松与自在，还能增进人们之间的友谊与信任。

一、待客礼仪

寒地黑土地区的人们以热情豪爽的待客之道而闻名。当客人到访时，主人通常会先奉上香烟和茶水，再邀请客人共同进餐；即便没有烟和茶，也会先倒上一杯开水，以表达欢迎。

在点菜时，人们偏爱双数菜品（单数多用于丧葬场合），小鸡炖蘑菇、杀猪菜、锅包肉等传统佳肴是宴席必备。主人会拿出珍藏的好酒款待客人，哪怕是自己平日舍不得喝的佳酿。

在宴席中，主人为了让客人尽兴，通常不会先放下碗筷，会一直陪伴到最后一位客人用餐结束。当客人离席时，通常会向主人表达感谢，并适时邀请主人日后回访。

二、座次礼仪

座次安排是寒地黑土地区饮食礼仪的重要体现。饭局作为重要的社交场合，座位布局与参与者的身份、地位、年龄、性别相关，既传承了儒家思想中的秩序观念，也体现了主人对客人的尊重，以及主人的待客之道。在当地人看来，遵循正确的座次，能让人在社交中得体行事，建立良好的关系，避免尴尬。

在寒地黑土地区，通常离门越远的位置越尊贵。门正对面的是主陪位，其右手边为主宾位（多由年龄最大或地位最高者就座），左手边为副宾位（次重要客人）。年轻人多坐在门口两侧，门口位置为副陪位，负责安排菜肴、提供酒水、结算账目，以及活跃气氛等。有时，同性宾客、饮酒者会相邻而坐，晚辈与长辈、下属与领导则分坐两侧，既显辈分地位差异，又方便交流。入座后，不宜立即动餐具、制造声响或随意离席，与主人沟通时应先打招呼。

三、餐桌礼仪

在寒地黑土地区上菜颇有讲究。当热气腾腾的鱼端上桌时，鱼头要朝向席间最受尊敬的宾客，象征“年年有余”，随后便有“鱼头酒”的仪式，即宾客先饮几杯鱼头酒，众人再一同举杯。

敬酒环节必不可少，敬酒前若对方杯空，需先斟酒，斟酒时要绕到客人身后；小酒盅需斟满，大杯倒酒则听从对方意愿，量力而行以表尊敬。晚辈给长辈斟酒后，要双手捧杯恭敬递上，碰杯时酒杯略低于长辈酒杯，以示敬重。有人向众人敬酒时，大家会自觉放下筷子和酒杯，专注聆听祝福感言，氛围温馨融洽。

当地人的用餐顺序也有规可循。通常，先尝主菜，后吃一般菜肴，口味先咸后淡，先吃菜再喝汤，饮品先白酒后啤酒。在用餐中，新上桌的菜要先让主宾品尝，主人需不断向宾客敬酒。这些仪式既能显示出当地人对宾客的尊重与热情，也为酒桌增添了喜庆和欢乐。

用餐时还需注意，给客人夹菜用公筷，夹菜不越盘中线、不站起身夹、夹到的菜不回放；吃饭喝汤不弄出声响，汤热时不边吹边喝；不敲击碗具，更不可将筷子直立插入饭碗（视为失礼）；饭后尽量不在餐桌剔牙，若需剔牙要用餐巾或手遮挡。

第八章　寒地黑土地区特色饮食之道

第一节　饮食的社会功能

一、轻食——减脂与清爽的快乐

寒地黑土地区的轻食是减肥人群的理想选择。它不仅口感丰富、营养充足，还能帮助人们平衡饮食、减少油腻摄入，从而实现减肥的效果，让人们在美食中收获美丽和自信。

在寒地黑土地区可直接生食的蔬菜种类丰富，常见的白菜、臭菜、香菜、生菜、苏子叶、辣椒、黄瓜、苦苣、水萝卜、绿茄子、芹菜等，均能不经烹调直接端上餐桌。

独特的气候与土壤造就了这些蔬菜优良的品质。一方面，相较于南方，寒地黑土地区昼夜温差大，利于农作物积累养分，使蔬菜或鲜嫩水灵，或饱满香脆。这里的黄瓜外层香脆、内里甜嫩，萝卜清香爽口，大葱葱白清甜、葱叶辣中带甜。另一方面，因冬季漫长，寒地黑土地区的人们对新鲜蔬菜格外珍惜，生吃蔬菜在这里颇为盛行。此外，该地区的人们偏好大鱼大肉，硬菜多、口味浓重，新鲜蔬菜便成了不可或缺的解腻佳品。

地道的寒地黑土地区的轻食非蘸酱菜莫属，它与沙拉有异曲同工之妙。相较于高热量的沙拉酱，蘸酱菜的口味更为清淡。蔬菜虽然新鲜美味，但寒地黑土地区的人们爱上生吃菜，离不开酱的加持。这得益于当地生产品质优良的大豆，用这种大豆制成的大酱不仅能补充蛋白质、提供热量，还能满足人们对营养的需求。对寒地黑土地区的人们而言，大酱就像重庆人的火锅底料，是蘸酱菜的灵魂。牙齿在接触大酱的瞬间，馥郁香气四散，清爽甘甜的汁液在口腔迸发，带来愉悦的味觉体验，尤其在炎炎夏日，吃起来格外畅快。寒地黑土地区的大酱多种多样，有鸡蛋酱、蘑菇酱、葱酱、土豆丁酱、辣椒酱、茄子酱等，每种都独具特色。在该地区，几乎每户人家都有制酱的传统，且风味各异，仅凭嗅觉就能分辨是否是自家所制，因此大酱不仅是家的味道的记忆，更是乡愁的重要载体。

此外，东北大拉皮也是寒地黑土地区轻食餐的代表。大拉皮与凉皮相似，多以土豆为原料制成，成品薄而透明、筋道十足，搭配色泽鲜艳的蔬菜，加入酱油、陈醋或大酱等调味料，入口鲜美清爽。作为优质碳水，土豆制成的大拉皮饱腹感强，且不经油炸、少油凉拌，堪称健康食物。

轻食餐中的主食还有饭包，通常是用白菜叶裹上二米饭（小米与大米混合而成）、土豆泥、鸡蛋酱、香葱、辣椒等，叠成长条状。若需严格控制碳水，可将米饭替换为杂粮饭，或用土豆泥替代米饭，轻松制成低脂版本的轻食餐。

在寒地黑土地区，轻食不仅是一种饮食方式，更体现了一种生活态度，即倡导简单、自然、健康的理念，与当地人豪爽实在的性格相契合。人们在享受轻食时，既能品尝到食物的新鲜美味，也能感受到内心的轻松与愉悦。

二、早市——生活与社交的乐园

寒地黑土地区的早市总是充满生机与活力。早市汇集了各地方的小吃，以及琳琅满目的新鲜蔬菜、水果、海鲜等，所有食材均在清晨陈列于摊位，确保新鲜度与口感。商贩们穿梭在熙攘的人群中，用响亮的吆喝声招揽顾客，洋溢着朴素而热情的生活气息。与他们深入交流，能听到他们独特的生活故事，感受到他们对这片土地的深厚情感。游客能够在早市上尽情品尝地方特色小吃，如口感细腻的豆腐脑、外酥内软的油条、香脆可口的煎饼等。

近年来，寒地黑土地区早市的消费群体从中老年群体扩展至年轻群体。年轻人开始频繁光顾早市，他们的动机已超越对廉价小吃和商品的单纯追求，更多是被早市的市井气息和当地人的亲切所吸引。早市打卡在年轻人中日益盛行，逐渐成为年轻人社交圈的新兴风尚。对于他们来说，早市不仅是缓解压力的良药，更成为他们社交生活的一部分。在这里，人们放下手机、离开网络世界，在充满烟火气息的早市上面对面地聊着天，如今，寒地黑土地区的早市已不仅仅是购买食材的场所，更是人们社交的乐园。

三、饭菜——真诚与善意的桥梁

寒地黑土地区是一个能够让人食欲大开的美食天地。像西红柿炒鸡蛋、东北乱炖、炒鸡蛋酱、拍黄瓜等菜品，都是再普通不过的家常便饭，虽不具备突出的观赏性，却能让人食欲大增，米饭一碗接一碗地被吃下，直到盘中空空如也。

人们一提到寒地黑土地区的菜肴，“饭张力”便有了具象体现。厨房里，铁锅炖、酸菜大骨头、小鸡炖蘑菇、焖肉在锅中热火朝天地沸腾；饭桌上，一群人热热闹闹围坐在一起，边聊天边等饭菜出锅。炖菜热乎暖身，家常小炒喷香味美，凉菜清新解腻，别有一番滋味。酱脊骨、酱猪蹄、酱鸡爪、酱鸡脖、酱鸡肝……配上醇厚的高粱烧酒，几分豪气从胃中升腾。

寒地黑土地区的菜肴和当地人一样朴实无华。在吉林长春，一份38元的羊肉是纯粹的“肉山”，且不加任何冰块和蔬菜，让外地游客惊叹不已。黑龙江齐齐哈尔的烤肉店吸引着四面八方的食客，他们对店内“一边是肉铺，一边是烤肉区” 的独特布局感到新鲜，这种可自由选肉的方式，让食客在享受烤肉时感到格外满足。网络上关于齐齐哈尔烤肉的视频，既让当地人垂涎三尺，也让外地人急切向往。

寒地黑土地区的人是有口福的人，他们会吃，更爱吃，能和他们做朋友是幸福的。他们会想方设法地让来客吃饱、吃好，也会在火车上把好吃的分给遇到的陌生人，传递口福。正因为这份真诚与善意不断传递，人们提起寒地黑土地区，总会感到踏实与满足。

四、烧烤摊——烟火人间与精神寄托

对于寒地黑土地区的人们而言，撸串不只是一顿寻常夜宵，那些在烟熏火燎中的欢笑和泪水，早已构成他们生活里重要的组成部分。烧烤所携带的原始基因，在寒地黑土地区被原汁原味地保留下来。这里蔬菜种类少，冬天持续时间长，在那些百无聊赖等待冰雪消融的日子里，人们可以将无处发泄的忧郁，在一口酒一口肉里慢慢抚平。

每当夜幕降临，烧烤摊便如雨后春笋般涌现，点亮城市的夜晚。在这里，人们不仅品尝美食，更喜欢分享彼此的故事；在这里，人们忘却身份与地位，只有朋友与美食相伴。曾经在工厂并肩作战的工友，如今围坐在烧烤摊旁举杯共饮，回忆往昔，笑容里既有对过去的怀念，也有对未来的期待。这里没有陌生人，只有朋友，烧烤摊成为人们情感交流的桥梁，让心灵更加贴近。初来乍到的外地食客，都会被这份热情与真诚打动。

五、新媒体——让地方味走得更远

曾经被局限在寒地黑土地区的众多饮食，如今在一个个美食视频被点击的瞬间飞越千山万水，走进了全国各地的街头巷尾。新媒体的普及将该地区传统地方餐饮品牌的知名度推向了新的高度，那些跟上时代潮流的餐饮品牌，开始走向全国，进入原本难以触及的市场。

例如，到哈尔滨旅游的人们几乎都会去打卡山河屯铁锅炖，它的品质已在互联网上被反复验证。此前，在山河屯铁锅炖还没走出东北的时候，餐厅就收到大量南方消费者的反馈：太咸、太热、量太大……这些反馈信息都被餐厅的管理者纳入考量范围，并根据南方消费者的饮食习惯不断调整。等到山河屯铁锅炖真正在南方开店时，诸多饮食习惯方面的问题已得到妥善解决，极大提高了该品牌在全国市场拓展的成功率。每年的“双十一”是山河屯营销的重要节点，2024年商家提出“冬日的第一口铁锅炖”的营销口号，使得山河屯在抖音生活服务的团购日销售额环比增长了2181%，单日交易额突破了品牌历史月交易额的峰值，并登上了地方菜带货榜第一名。与此同时，消费者的声音也第一时间传递给商家：有消费者说味道太咸，山河屯便进一步调整底料配方；有消费者觉得花卷样式太单调，山河屯就研发好吃又好看的新品；有南方消费者觉得铁锅炖量太大，感到有压力，山河屯便开设“山河屯排骨村”业务线，专攻迷你版铁锅炖；还有消费者希望增加鲍鱼、小龙虾等配菜，山河屯便推出铁锅炖的“Plus版”，让顾客可自由选择炖煮食材。

2024年，Jellycat铁锅炖成为社交媒体热议的新体验。不少网友直呼，“情绪价值拉满”“太可爱了，想吃”。在全国范围内，不少餐厅提前在美团、大众点评等平台上线“卡通馒头套餐”“小猪盖被套餐”等多款卡通馒头团购产品，方便有需求的消费者第一时间下单打卡。除了北方地区外，Jellycat铁锅炖的风也刮到了上海、重庆等南方城市。如今，东北铁锅炖在全国各地开花，不仅得益于线上平台带来的流量价值，更得益于“铁锅炖”们基于平台经营洞察做出的本地化创新。

受Jellycat铁锅炖的启发，一些文旅文创店将毛绒玩偶展示区设计成铁锅炖明档样式，像展示菜品一样陈列玩偶，旁边摆放一口大铁锅，顾客选中的玩偶需“进锅炖一炖”再打包带走。传统饮食文化通过这种方式迅速与年轻人建立联系，焕发出蓬勃的生命力。始终追求新鲜、在抖音上探索世界的年轻人会自发传播这些新吃法，从而完成从好奇、探索、种草、打卡、还愿到开发新玩法的传播闭环。

在网络世界中驰骋的年轻一代，他们愿意花时间攻略每一顿饭，与其说他们在寻找食物，不如说他们在寻找一个能让自己有归属感、可与他人分享的故事。食物的香气或许会褪去，但鲜活的故事却始终拥有强大的生命力。

第二节　饮食的精神价值

一、“碳水”——幸福的满足感

寒地黑土地区的“碳水”种类丰富、做法多样，令人叹为观止。从北到南、从东到西，各地区都有特色碳水美食。北方的黏豆包香甜软糯，是冬季不可或缺的美味；南方的冷面酸辣爽口，夏日里一碗便能清凉解暑；遍布城乡的烧烤摊更是夜晚消遣的好去处，烤串、烤鱼、烤板筋等搭配啤酒与欢笑，成了当地人生活的常态。对寒地黑土地区的人们而言，在这片冰雪覆盖的土地上，碳水的美味是热情的源泉。

寒冷的清晨，早市街头弥漫着蒸、炸、煎、煮的碳水香气。米与面交织出的多样美食，连减脂爱好者也难抵诱惑。最诱人的“热量炸弹”当属油炸糕，刚出锅的油炸糕有拳头大小，外皮金黄酥脆，内里甜糯香软，豆沙馅在舌尖融化，甜味直抵心扉。蒸笼里的苏子叶糕散发着草本清香，裹着黄豆粉的打糕金黄诱人；菜包子皮薄馅大，酸菜馅尤为美味；韭菜盒子两面煎至金黄，内里软嫩多汁，韭香与蛋香令人难忘；各种饼子香甜柔软，可单独食用也可搭配其他食物，堪称“多面手”。

寒地黑土地区人们的碳水盛宴贯穿全天。早市过后，中午可能是刚出锅的黏玉米，口感绵密，几乎无需咀嚼便能滋润口腔；冬季家中堆积的玉米堆是“无价之宝”，玉米配包子、花卷便是一顿主食；玉米磨成面后，还能做成本地限定的酸汤子；炖菜时在锅边贴几个玉米面饼子，香嫩的饼子浸入汤汁，香气四溢。

寒地黑土地区的人们有空便亲手擀面，切细丝煮熟后配自制卤子，便是一碗过水打卤面。鸡蛋酱配黄瓜丝，香浓又清爽；尖椒肉卤也是当地人常见的选择。懒得做饭时，当地人便会端出“糊弄型主食”——面疙瘩汤。面疙瘩汤中的疙瘩大小适中，味道充分渗透，或是拿出早市买的筋饼卷土豆丝，蘸上鸡蛋酱，也能吃得津津有味。

在这片黑土地上，碳水的魅力无处不在，不仅满足口腹之欲，更成为连接情感的纽带。在节日或庆典时，家家户户备好碳水大餐，亲友围坐共享。从婚礼上的糖三角、寿宴上的长寿面，到日常聚餐的饺子、馅饼等，这些简单的食物承载着人们对美好生活的向往。在寒地黑土地区人们的心中，碳水不仅为他们提供了无穷的能量，还见证着黑土地上的勤劳和智慧，记录着家庭的温馨欢乐，支撑着人们在冰天雪地里享受平凡的幸福。

二、“女士菜”——细腻与尊重的传递

在寒地黑土地区，甜口美食还有一个特别的称谓——“女士菜”。作为当地餐饮文化中不可或缺的一部分，它源于寒地黑土地区的人们对女性的悉心呵护。人们将拔丝地瓜、雪衣豆沙、松仁玉米、红酒雪梨、锅包肉等甜口菜式归为系列，为喜甜者提供更多的选择。这些菜品凭借独特的口感与高颜值，长期占据菜谱的一席之地。男人们在畅饮前，总会习惯性点上几道甜口菜，让在座的女士和孩子先品尝。若想体验地道的寒地黑土风味，餐桌上的女士菜绝对绕不开。

寒地黑土地区“女士菜”的品种在不断增加，蓝莓山药、蛋黄焗南瓜等也被纳入其中。每当好吃的“女士菜”被端上餐桌，立刻便会热闹起来。譬如，每当拔丝地瓜端上来，“来来来，趁热吃”“赶紧的，凉了就不好吃了”……人们互相催促着夹起冒着热气、能拽出长长晶莹糖丝的金黄地瓜块，往清水里轻蘸后送入口中。刚上桌的拔丝地瓜最是美味，甜糯的口感中，滚热的表面经凉水一激，形成一层脆糖壳，层次丰富，每一口都是惊喜。

雪衣豆沙堪称寒地黑土地区“女士菜”中的小清新，它绵软香甜，如云般丝滑、似梦般轻柔。蛋黄焗南瓜是从其他菜系借鉴而来的，最初人们会在南瓜上撒巧克力彩糖针，如今撒彩糖针的做法已经非常少见，蛋黄焗南瓜却保留了下来。松仁玉米算是本土原创菜品，寒地黑土地区盛产松子和玉米，那甜甜的口感瞬间便能唤醒味蕾。蓝莓山药既好看又美味，口感松软、外观雪白的山药，裹上黏稠浓郁的蓝莓果酱，仿佛平凡的生命被瞬间点亮。更别提红艳诱人的红酒雪梨，脆爽无渣的大白梨经红酒慢炖，愈发软糯香甜，煮过的红酒挥发了部分酒精，即便不胜酒力也能尽情享用。

除此之外，还有约定俗成的女士饮品，那就是加热后的杏仁露和椰汁。这种听装饮料的铝制瓶身可隔水加热，在春寒、夏雨、秋风、冬雪的日子里，在此前奶茶尚未普及的年代，再没有什么比一罐加热后的杏仁露或椰汁更能带来即时温暖的了。

“女士菜”的出现，如冬日暖阳，温暖着寒地黑土地区每位女士与孩子的心房。孩子们纯真的笑脸、女士们满足的神情，都是对这些甜品的最好赞美，在不经意间拉近了人与人之间的距离，让餐桌的氛围愈发温馨、和谐。在这些“女士菜”的背后，蕴含着寒地黑土地区人民的智慧与匠心。他们善用本地食材，通过巧妙的搭配与创新的手法，将普通的食材变成诱人的美味。这份对食材的尊重与对烹饪的热爱，正是寒地黑土餐饮文化传承与发展的关键。

三、“功夫菜”——追求极致的匠人精神

寒地黑土地区的菜肴多以大碗盛放、大块呈现，风格大气且豪放，然而在这份朴实中，几道“功夫菜”悄然展现了当地人在烹饪上的精细工艺与对细节的极致追求。

功夫菜，做起来耗时间，还需要厨师精湛的手艺。当鹅毛大雪纷飞时，走进餐馆尝一

口甜而不腻、绵软如云的雪衣豆沙，便知其独特。雪衣豆沙看似简单，但制作起来却颇为复杂。厨师需将蛋清打发至能立住筷子，与淀粉充分混合成糊状，包裹豆沙馅后，方可入锅煎炸。

酥白肉的制作工艺十分讲究。第一，需精选大块肥肉（确保无红肉混杂），切成4毫米细长条；第二，将肥肉用盐去腥后挂浆，投入热油锅中炸制；第三，熬糖时需特别注意温度，微小的偏差都可能导致失败。酥白肉上桌后，一口咬下“咔嚓”作响，酥脆的糖壳瞬间碎裂，软糯肥美的油香在口中弥漫，甜而不腻、酥滑并存的口感令人陶醉。

锅包肉最能体现厨师的刀工、手法和对火候的掌控。在制作时，首先应选用新鲜的猪里脊肉，切成大小一致的薄片，裹上预先调配好的面糊；其次，先低温慢炸、再高温快炸，两次炸制的火候必须精准；最后，淋上特制的酱汁快速翻炒，方成这道色香味俱佳的佳肴。

三丝爆豆是由土豆丝、洋葱丝、香菜丝组成，鲜香脆爽。土豆丝需大小均匀、粗细一致，全凭厨师精湛的刀工手切而成，每一刀都干净利落，非数年磨炼难以达成。三丝爆豆清脆爽口，每每品尝都让人忍不住多饮一扎啤酒。三丝爆豆中的土豆丝，每一丝都如同经过精确计算的工艺品。

熘三样则是将猪肚、猪肝、猪大肠巧妙结合，这道源自鲁菜的美食经寒地黑土地区的厨师改良后，烹饪技巧繁复至极。猪肚、猪肝和猪大肠这三样食材的切片需大小相仿、厚度恰到好处（过薄则易老，过厚则难入味），长度也需一致，以保证受热均匀；在淋上经过特制高汤调制的芡汁后，猪肝的嫩滑、猪大肠的油香、猪肚的韧性在口中融合，互不冲突反而相得益彰，一口便能体会到厨师对细节的极致讲究。

这些功夫菜既考验厨师的技艺，又体现了寒地黑土地区的人们对美食的追求。每当品尝时，不仅能够感受到当地人的智慧和勤劳，还能感受到当地人对生活的热爱和执着。

四、“魔改”——生命力的恣意绽放

外来文化的融入为寒地黑土地区的饮食文化带来了新的创意与灵感。人们尝试将本地食材与外来的调味料、烹饪方式等相结合，创造出既保留传统精髓，又融入现代口味的新菜品，令人耳目一新。

云南米线、重庆麻辣烫、陕西凉皮、四川麻辣拌、天津煎饼果子等美食虽遍布全国，但在寒地黑土地区却展现出独特的风味。云南米线变得更粗，带着浓郁麻辣味；重庆麻辣烫则融入了大量的麻酱；陕西凉皮加了麻酱、糖，还附带了汤汁；天津煎饼果子的外皮更柔软……所有的外来佳肴，在这里都经历了改良的过程。

在对外来菜肴进行改良的过程中，暗藏着寒地黑土地区人民独特的智慧。麻酱能够中和麻辣的口感，大量用糖则是因为该地区是我国白糖的主产区，当地人喜食甜口，更换口感类似的食材便是优化成本的最优解。有些经过改良后的菜肴甚至成为了全国网红食品的风向标。

寒地黑土地区的人们钟爱川菜，却为迎合自身口味，对鱼香肉丝、宫保鸡丁、水煮肉片等经典川菜进行了改良。1991年，四川省蔬菜饮食服务公司编写的《中国名菜谱·四川风味》中，鱼香肉丝主料仅猪瘦肉，配料为冬笋和木耳，鱼香的精髓是泡红辣椒；而在寒地黑土地区，人们将鱼香肉丝中去掉了冬笋，加入了胡萝卜和青椒，木耳则换成脆弹的东北小木耳，辣味的来源改为郫县豆瓣酱或辣椒油。调整后的鱼香肉丝糖更多、芡更浓，有肉有菜且甜滋滋，十分下饭。在此基础上，当地人还创造出鱼香鸡蛋（用鸡蛋替代肉丝，鸡蛋吸附汤汁的能力更强且更便宜）。宫保鸡丁的改良过程与鱼香肉丝类似。四川的宫保鸡丁仅用鸡腿肉丁、花生、葱段和干辣椒；寒地黑土地区的宫保鸡丁则使用鸡胸肉，并加入了胡萝卜丁和黄瓜丁。

被“魔改”的菜肴不只是川菜，云南过桥米线也经历了大刀阔斧的改良。因交通不便，相隔较远的云南勾起了寒地黑土地区人们的好奇，也因距离给了当地人改造的空间。东北粳米无法复刻云南籼米米线，便研发出更粗、更弹、久煮不烂且煮久会呈半透明状的新型米线；云南本地过桥米线是飘着鸡油的鲜鸡汤米线，而寒地黑土的米线则带着火锅底料味，是被川菜麻辣调教后的味蕾选择，体现了当地人的融会贯通。

此外，陕西凉皮和天津煎饼果子也经过当地人的改良。寒地黑土地区的陕西凉皮融合了三个地域元素，即陕西的凉皮、四川的担担面和寒地黑土地区的调料；天津煎饼果子的改良则更为发散，煎饼成了白面鸡蛋饼，果子仅保留小油条，但加入了香肠、辣条等，主打混搭。

寒地黑土地区的人们对新事物的接受度很高。“闯关东”移民潮带来各式美食，只要好吃，当地人便乐于接纳。自古以来，当地人展现出卓越的生存智慧，生生不息的生命力促使他们能够快速吸收外来元素，并与本土文化重构融合。在寒地黑土地区特色饮食的哲学思想中，和谐与包容是重要的组成部分；在饮食创新中，积极吸收外来饮食文化的优点，丰富发展自身饮食文化，展现出开放包容的心态与积极进取的精神，这正是寒地黑土地区集体人格的重要体现。

五、“笨”——一种积极的生活态度

“笨”在寒地黑土地区，是一句溢美之词，侧重于描述食物的本来样貌和当地人对传统制作工艺的坚守。在食品工业飞速发展的现代社会，追求“笨”的原材料与工艺，更像是对工业文明的一种缓慢而持久的抒情——在稚拙中透着朴素，在执拗中藏着深沉，满含着对逝去岁月的温柔敬意。

在寒地黑土地区，万物皆可“笨”。“笨”食材随处可见，荤食有笨鸡、笨鸭、笨猪、笨蛋等；素食有笨豆角、笨土豆、笨茄子、笨玉米、笨地瓜、笨木耳、笨蘑菇、笨豆芽等；食杂类有笨豆油、笨酱油、笨地锅、笨豆包、笨大碴子等。将这些“笨”食材搭配成各式美食，便是如假包换的岁月静好。

肥沃的黑土地所孕育的食材的外形往往令人印象深刻。在早市上，若见到单手难握的大土豆、紫红茄子、挺拔壮硕的玉米等，尽可带回家，因为它们是制作“三烀一炸”的绝佳原料。“三炽”是指炽土豆、炽茄子、炽玉米；“一炸”则是用笨鸡蛋和笨大酱炸的鸡蛋酱，这道菜简单却满含乡土风情，是对黑土地馈赠的致敬。

秋天新收的蔬菜蓬勃饱满，越简单的烹饪越能凸显其天然美味。一份茄子、两个土豆配一大勺鸡蛋酱，便是回味无穷的一餐；再配一根新鲜的热玉米，幸福感足以让人直面整个冬季；新鲜土豆蒸熟压碎，加入鸡蛋酱和其他食材拌匀，用鲜嫩的白菜叶包裹土豆泥拌饭，那份美味总是让人遗憾自己的胃容量有限。

扁担钩豆角的形态弯曲如扁担，豆粒饱满、口感独特，是炖笨猪排骨的理想食材。这种豆角质地柔软、豆粒充盈，在炖制时甚至能让排骨沦为陪衬。小鸡炖蘑菇是寒地黑土地区菜的典型代表，用笨鸡和笨蘑菇制作更显美味。笨蘑菇多为干品，在泡发时，水便散发着森林的气息；笨鸡因自由生长，肉质独特，炖出的菜肴在热气中透着平凡的幸福。这份美味记忆，或许正是人们偏爱“笨”食材的根本原因。

在寒地黑土地区，唯有使用笨榨豆油，才能烙出金黄筋道的油饼、草帽饼、两面微焦带脆壳的韭菜盒子，以及皮薄馅大的牛肉圆葱馅饼。当馅料与热气一同迸发，笨榨豆油也走完了澄澈热烈的一生。熬笨大碴子粥的秘方是往粥里加入一点面碱和足够的耐心，煮出的粥稠厚黏糊、持续温热，配上一碟咸菜、酱土豆、蒜茄子等，一不小心就能吃上好几碗。

寒地黑土地区的人们喜爱小菜园，几乎家家户户都会种菜，不只种香菜、葱，还有辣椒、黄瓜、西红柿、生菜、南瓜、豆角、草莓……不大的菜园承载着人们对幸福生活的想象。自己种植的食材没有添加剂，长出的自然是“笨”食材。当地人种菜的乐趣不只在烹饪，更在亲戚和邻里间的慷慨分享。

“笨”是寒地黑土地区的人们独特的审美追求，不仅是他们对食物原味的执着，更是他们对生活本真的热爱与尊重。他们享受简单、质朴的乐趣，在种植、收获、分享中，满满都是对幸福的向往。

寒地黑土地区的饮食文化，作为一种地域性鲜明、历史底蕴深厚的文化形态，宛如一部厚重的长卷，以丰富多样的表现形式和独具特色的内涵，为人们的精神世界注入了活力。这些菜肴不仅是味蕾的盛宴，更是对心灵的滋养，让人在品味美食的过程中，既能感受到当地人的热情与豪爽，也能体会到人与自然的和谐共生。

此外，寒地黑土地区的饮食文化还推动了当地旅游业的发展，吸引着更多游客前来品尝地道美食、感受其独特魅力，进而促进了人与人之间的理解与尊重，搭建起心灵沟通的桥梁。相信在寒地黑土地区人民的共同努力下，该地区的特色饮食文化必将焕发更加绚丽的光彩，成为推动地区乃至国家文化繁荣的重要力量。

参考文献

[1] 裴英余.地方特色餐饮品牌视觉设计研究[D].景德镇陶瓷大学,2023.

[2] 张燕.20 世纪二三十年代华北农民离村问题[D].山西大学,2011.

[3] 廖晓晴,冷厚诚.东北饮食文化[M].北京:社会科学文献出版社,2018.

[4] 胡慧灵.九州“腌”云——酸菜里的哲学[J].百科知识,2022(11):54-58.

[5] 吉林省饮食服务公司等.关东菜肴荟萃[M].沈阳：辽宁科学技术出版社,1990.

[6] 郭睿,帽儿山.东北菜中隐藏的用糖密码[J].东北之窗,2022(9):60-63.

[7] 盖玉玲.瑷珲镇史话[M].北京:社会科学文献出版社,2015.

[8] 笠无谓,徐向南,述怀.沈阳民间美食地理[M].沈阳:春风文艺出版社,2022.

[9] 王超,李锋.东北美食寻味辽源[N].辽源日报,2024-08-19(003).

[10] 钱国宏.说说家乡的杀猪菜[J].四川烹饪,2009(12):78.

[11] 高静.中华传统节日溯源[M].北京:中国纺织出版社,2020.

[12] 王霞.我国各民族的春节习俗[J].决策与信息,2006(2):68-70.

[13] 施立学.东北民俗文化[M].北京:社会科学文献出版社,2019.

[14] 昝可心.宋代食品与加工类农书研究[D].西北农林科技大学,2024.

[15] 韩淑芳.老哈尔滨（民国趣读·老城记）[M].北京:中国文史出版社,2020.

[16] 董恒年.美丽中国美丽黑龙江[M].北京:蓝天出版社,2015.

[17] 韩树群.东北熏酱菜[M].沈阳:辽宁科学技术出版社,2003.

[18] 庄小军.云海松涛：庄小军游记散文选[M].南京:江苏人民出版社,2012.

[19] 郑林欣.文化构成设计方法学研究及应用[D].浙江大学,2016.

[20] 许兰.川味豆花的石磨记忆[J].中国保健营养,2008(6):34-35.

[21] 仲驰.洮儿河白酒东北三省市场营销策略研究[D].吉林财经大学,2017.

[22] 辽宁省白酒工业协会.辽宁白酒志：1949—2017[M].沈阳:沈阳出版社,2018.

[23] 魏迪.东北饮食文化符号的构建与传播[D].吉林大学,2018.

[24] 杨军.大盘子与“酒精考验”[J].东北之窗,2007(24):70-71.

[25] 李维祥.哈尔滨啤酒厂演变史略[J].酿酒,1984(3):51-52.

[26] 季树太,赵彤.哈尔滨啤酒历史沿革[J].酿酒,2016,43(6):5-11.

[27] 刘传江.黑龙江：创新婴幼儿配方乳粉组合式监管模式[J].中国食品工业,2024(2):24-25.
[28] 杨钰.打造“高寒生态牧场”农垦乳业进军新赛道[J].农村工作通讯,2022(15):31-32.
[29] 杨钰.践行“三品一标”打造一杯国民好奶——中国农垦乳业联盟成员大会侧记[J].农村工作通讯,2023(7):30-31.
[30] 张长青,何思落.大庆牌奶粉营销策略[J].合作经济与科技,2023(23):62-64.
[31] 赵亚东.烹坛泰斗盛英杰的“厨艺”人生[J].职业技术,2006(22):13-15.
[32] 萧红.呼兰河传[M].北京:人民文学出版社,2018.
[33] 阿来.不是印象的印象,关于迟子建[J].北京文学：精彩阅读,2016(8):3.
[34] 迟子建.烟火漫卷[M].北京:人民文学出版社,2020.
[35] 迟子建.我的世界下雪了（迟子建散文系列）[M].杭州:浙江文艺出版社,2022.
[36] 张抗抗.张抗抗文集：牡丹的拒绝[M].桂林:广西师范大学出版社,2023.
[37] 阿成.哈尔滨人[M].南京:南京大学出版社,2014.
[38] 阿成,张福臣.舌尖上的东北[M].武汉:武汉大学出版社,2013.
[39] 肖复兴.肖复兴散文新作[M].北京:新华出版社,2014.
[40] 肖于.世间味道[M].桂林:广西师范大学出版社,2021.
[41] 汪曾祺.肉食者不鄙[J].家庭,1993,6(3):103.
[42] 焦桐.暴食江湖[M].上海:生活·读书·新知三联书店,2011.
[43] 蔡澜.蔡澜旅行食记[M].青岛:青岛出版社,2015.
[44] 明洁. 江苏省部分城市“老字号”企业的发展现状及对策探讨[J]. 江苏商论,2007(11):11-13.
[45] 罗颖.“老字号”餐饮企业现状分析和战略选择研究——以郑州市"老字号"为例[J].经济经纬,2010(4):40-45.
[46] 沈浩蓝.老字号保护的困境与出路——以非在业老字号的回归为考察中心[J].中华商标,2020(1):54-61.
[47] 柳非絮.老鼎丰：老味道的新传承[J].奋斗,2024(13):72-74.
[48] 冯维君.百年“正阳楼”[J].东北之窗,2007(18):75.
[49] 孔润常.抚宁杨麻子大饼[J].乡音,2016(1):43.
[50] 李佳睿,白长青,雨翟,等.闯关东刷新东北的经营理念[J].东北之窗,2008(Z1):24-29.
[51] 张光.“大饼卷熏肉吃起来真没够”[J].侨园,2020(10):54.
[52] 张育新.“老厨家”的年轻大师[J].职业技术,2006(19):18-20.
[53] 中豪.百年吉味“真不同”[J].新长征(党建版),2019(11):54-55.
[54] 丁妮.析东北老字号企业的管理模式和营销手段[J].职大学报,2009(3):93-95.
[55] 林岩.黑瞎子上炕——吉林乌拉火锅[J].科学之友(上旬),2013(7):76.

[56] 杨中宇,郭煦.一张筋饼烙出乡村振兴交响曲[J].小康,2023(33):58-61.

[57] 杨中宇.榆林筋饼[J].美食,2011(6):76.

[58] 杨中宇.榆林筋饼[J].饮食科学,2018(23):62-63.

[59] 程万里.饮食器物的文化属性[J].艺术百家,2013,29(5):197-200.

[60] 四川省蔬菜饮食服务公司.中国名菜谱四川风味[M].北京:中国财政经济出版社,1994.

反侵权盗版声明